내가 꿈틀거리면 너는

KB194511

걷기 전에 앞서.

오늘은 그저 오늘이었으면 좋겠습니다.
내일도 그저 오늘이었으면 좋겠습니다.
그렇지만 아무것도 하지 않겠다는 말은 아닙니다.
시간 여행자인 오늘을 살겠다는 말입니다.
오늘을 소중한 당신과 함께 걷고 싶습니다.
오늘을 후회 없이 마음껏 쓰고 싶습니다.
그 오늘의 나를 바라보고 싶습니다.
당신의 오늘을 알고 싶습니다.
아무 일도 벌어지지 않는 오늘은 싫습니다.
오늘을 위해 나는 무엇인가를 할 겁니다.

나는 영원한 오늘만 살 겁니다.
그렇게 살다 보면 나는 영원히 오늘을 사는 겁니다.
오늘을 존중합니다.
계속되는 오늘은 나의 본질입니다.
나는 오늘을 사랑합니다.

오늘을 미워하면 나를 미워하는 겁니다.
내게 흐르는 시간 또한 오늘입니다.
부정하지 않겠습니다.
애써 외면하지 않겠습니다.
오늘은 역시 오늘이기 때문입니다.

차 례

그 길을 생각하면서

얼마나 많은 시간이 흘렀고, 나는 또 그 시간 속에서 얼마나 많은 너의 모습을 만들었다가 지우면서 기다리고 그리워했는지 모르겠다. 이제는 너의 모습을, 너의 얼굴을 기억할 수 있을지 모르겠다. 나는 너와 함께했던 그 긴 기다림의 시간 속을 걸으려 하는데 네가 나를 받아들여 줄지 모르겠다.

밤을 꼬박 새워 민감하고 세심해진 새벽 너의 뒤를 따라 걷기 시작한다. 그런데 왜 이렇게 이 길이 낯설고 생소하게 느껴지는지 모르겠다. 마치 나 스스로가 아닌 남이 되어 걷고 있는 듯한 기분이 드는 건 왜일까?

나를 밀어 세우고 점점 멀어져 가는 너를 나는 가까스로 따라가기 시작한다. 너는 그럴수록 더 멀어지기만 하고 희미해지기만 한다. 나는 미련을 버릴 수가 없어 그때의 그 시간을 잡기 위해 악착같이 따라잡는다.

차곡차곡 쌓여가는 시간의 그 길과, 그 길의 처음을 생각하는 나는 어쩌면 미련 많은 사람인지도 모르겠다. 그렇게 스스로 화석이 되어가는 나는 점점 그 젊음을 끌어내고 싶어진다. 미련인 것을 알면서도 스스로 다가가려 안간힘을 쓰는 것을 보면 시간 속에 갇히는 것이 싫은 모양이다.

저쯤에서 너를 처음 만났었던 것 같은데. 그저 짐작만 할 뿐이다. 청순하고 언제나 천진난만하던 너의 모습은 찾아볼 수가 없다. 나는 침울함을 애써 참고 걷고 있을 뿐이다.

너무 많이 바뀌어 버린 길, 산과 들은 어디로 사라졌는지 알 수가 없고 그 자리에는 생각지도 못했던 도심의 그림자만 가득하다. 그 사이에서 너를 만날 수 있을지도 의문이다. 나는 그저 네가 보고 싶었을 뿐인데. 나는 그저 예전의 너를 확인하고 싶었을 뿐인데. 걷는 길마다 변해버렸기에 가슴은 속절없이 무거워지기만 하고 발걸음은 천근만근이 되었다.

너를 본 것 같기도 해서 그곳으로 달려가 보지만, 너는 없고 휑한 찬 바람만 불어와 내 얼굴을 의미 없이 훑고 지나간다. 저 길모퉁이만 지나면 너를 만날 수 있을 것 같기도 한데, 그럴 때마다 실망만 쌓여가고 나는 소리 없이 지쳐 금방이라도 쓰러질 것만 같다.

길가 벤치에 앉아 너를 기다려 보기도 하지만, 너는 아예 올 생각을 하지 않고 나는 금방이라도 울어버릴 것만 같아 다시 길을 걷는다. 종잡을 수 없는 길과 길 사이에서 발걸음은 자꾸만 주춤거리게 된다.

여기는 어디쯤일까?

바쁜 발걸음이 서둘러 시간을 따라 흘러가고 나의 걸음걸이는 그에 비해 무디기만 하다. 어디로 향할지 갈피를 잡지 못하고 길 잃은 어린아이처럼 앞만 보고 걸어간다. 급기야 막다른 길에 들어서서 이도 저도 못 하다가 되돌아 나오기를 반복한다. 다시 큰 도로로 나오면 체증을 일으킨 차들 때문에 현기증을 느낀다. 걷기를 멈추지 않기 위해 발버둥 치는 내가 느껴진다. 하지만 나는 애써 너에게 향하는 걸음을 멈출 생각이 없다.

어디로 가면 너를 만날 수 있을까?

너 아닌 나인지, 아니면 나 아닌 너인지 시간 속에 갇힌 나는 혼란스럽기만 하다. 그 와중에 길가의 비둘기들은 뭐가 그리 먹을 것이 많은지 연신 바닥을 쪼고 또 쪼아댄다. 내가 지나가는 것도 무시한 채 허기진 배를 채우는 녀석들. 심보가 나서 녀석들의 식사를 방해하려다가 유치해 혀를 걷어차고 만다.

시간은 자꾸 가는데 너의 흔적은 찾을 수 없고, 스스로 지쳐 주저앉고 싶을 뿐이다. 그럴수록 나는 너를 찾기에 안간힘을 쓴다.

한때는 나였지만 어느 순간 너기를 고집했고, 나는 너에게서 동떨어져 나와 네가 아닌 내가 되어버렸다. 너는 예전의 그곳에 존재하고, 나는 시간이 흐른 지금의 여기에 존재하기에 너는 내가 아닌 네가 될 수 있었다. 어쩌면 나는 나의 본모습을 찾고 싶었는지도 모르겠다. 너무 많이 변해 예전의 모습이라곤 찾아볼 수 없는 내 모습에 당황했기 때문이다.

왜 그동안 나는 그런 너를 잊고 있었던 것일까?

불현듯 떠오른 너의 희미한 그림자를 찾아 달려 온 것은 단지 그리움 때문만은 아니다.

황망히 스토커가 된 기분이다. 나를 찾기 위해 나를 스토킹한다는 것이 말이 되는 일인가? 어처구니없게도 나는 그 길 위에 서 있다. 분명 지금의 내 자화상은 아닐 것이다. 지난날의 촉촉했던 내가 샘이 났기 때문인지도 모를 일이다.

그때로 되돌아간다면 얼마나 좋을까? 그러나 이미 걸어온 길이고 되돌아간다고 해도 나는 그때의 내가 될 수 없을 것이다. 그런데도 자꾸만 미련이 남는 것은 나에 대한 회의 때문은 아닐까?

자꾸만 멀어지는 길 위에 서서 나는 네가 있을 그쪽을 하염없이 바라본다. 짐작하며 손을 길게 뻗어보지만, 잡히지 않는 네가 원망스러울 따름이다. 그래도 나는 결코 너에게 욕을 할 수가 없다. 나는 너였고 너는 한때 나였기 때문이다. 그렇게 우린 하나의 끈으로 이어져 있다. 그 끈을 잡아당기면 혹시 네가 나에게 다가올지도 모른다.

어쩌면 나는 항상 너의 뒤를 따라 걸을지도 모르겠다. 너를 바라보고 나를 비교하면서 준비되지 않은 길을 걸을 수도 있기 때문이다. 그 길 위에 서서, 그 외로움을 너와 함께 나누고 싶을 수도 있겠다.왜 그동안 나는 그런 너를 잊고 있었던 것일까?

이 세상은 혼자 걸어가야 하는 시간의 길이 있다. 그렇다고 나의 너를, 너의 나를 외면할 이유는 없다. 가끔 너의 나를 생각하며, 의지하며 살아가는 것은 어쩌면 당연한 일인지도 모르겠다.

과거의 너와, 현재의 나. 그리고 한순간 마주하게 될 생판 모를 나의 모습을 연결하는 것은 시간의 굴레다. 그것을 알기에 더는 외로울 수 없다. 너는 내 삶의 조력자고, 미래의 나는 또 다른 너의 조력자인 샘이기 때문이다. 그래서 나는 좀 더 나은 네가 되기 위해 걸어가야 한다.

그렇게 나누어진 시간 속의 나는, 아니 너희들은 결코 단절된 것이 아니라 꾸준하게 이어지는 연의 길이다.

내 어찌 그 길을 원망하고 가위로 쉽게 자를 수 있겠는가? 끊으려 해도 끊을 수 없는 너와 나의 한없이 이어진 관계는 끊어도 끊어지지 않을 숙명이다. 그것은 스스로 끊을 수 없는, 거부할 수도 없는 이어짐의 연속이다.

어쩌면 욕심일지도 모르겠다. 어쩌면 신이 준 선물일지도 모르겠다. 그때의 너와 지금의 나와 미래의 그를 향한 이어짐의 행복인지도 모르겠다.

과거와 현재와 미래는 시간의 굴레이기도 하지만 내 자신의 삶을 이어주는 징검다리이기도 하다. 그때의 나, 아니 네가 없었다면 내가 없을 것이고 미래의 내가 될 그도 없을 것이다. 그렇기에 나는 지금의 나 자신을 잃고 싶지 않다. 물론 잃고 싶지도 않지만, 그런 나를 아무렇게나 내팽개치거나 방관할 수도 없다.

그래서 너를 만나고 싶은 것이고, 너를 잊지 않기 위해 그 흐름에 가끔은 연연하는 것인지도 모르겠다. 오늘처럼 너를 찾아 나서는 길이면 나는 설레기 시작한다.

나에 대한 소중한 시간을 살아가는 동안에는 끊임없이 나를 간직해야 한다. 또 나를 받아들이기 이전에 스스로 진취적으로 나를 내세워야 한다.

현재의 나는 시시각각 네가 되어 가고, 그가 되어가고 있음을 부정하지 않는다. 나는 그런 나를 외면하고 싶지도, 그렇다고 거부하고 싶지도 않다.

그런 너와 미래의 내가 아닌 그를 생각하는 이 순간에도, 나는 나이기 이전에 벌써 나 아닌 너와 그가 되어가는 것이다. 사랑하는 너희들에게 나는 언제나 당당하고 숨기고 싶지 않은 대상이 되고 싶다. 언제나 그렇듯 변함없이 내세울 수 있는 상대가 되고 싶은 것이다.

그렇게 나는 오늘도 너희가 되어가며 시간의 흐름에 익숙해지고 있다. 현실에서의 나는 그렇게 동화되어 가는 것을 절대 부끄러움 없이 받아들일 것이다. 한순간의 실수로 나를, 너희들을 잃지 않기를 기도한다. 또 마주한 삶의 막다른 길에서, 방향 없는 이정표 앞에서 성급하게 선택하지는 않을 것을 지금의 나는 약속한다.

지금 나는 살아온 날과 살아가야 할 날들을 위해 나 자신을 내보이지는 않았다. 하지만 내가 있기에 너희가 있는 만큼 오늘 나에게 주어진 선택의 조건을 확실히 하여야 한다. 언제나 선택은 나의 몫이기 때문이다.

부디 실망하지 않기를!
부디 네가 나라는 것을 부정하지 않기를!
부디 언제까지나 행복하고 감사하기를!

내가 혹시나 과거와 현재로만 존재할 때 나를 찾아와 줄 너에게 해 줄 말이 있다.

"나는 외롭지 않았다. 그리고 나는 비겁하지 않았다."

그 말을 서슴없이, 부끄러움 없이 말하기 위해서 나는 오늘을 걸어가고 있다. 그러기 위해서 나는 내가 아닌 미래의 그를 바라본다.

내가 아님이 아니다. 그렇지만 예전의 네가 아님도 안다. 지금 내가 속해 있는 시간이 아님도 안다. 다가올 미래의 오늘에 속해 있을 나를 부정하지 않겠다. 그렇게 시간 위에서는 너도, 나도, 그도 아닌 스스로일 뿐이다. 과거의 너는 네가 속해 있는 그 시간에 만족하고 있는지 모르겠다. 아낌없이 잘 쓰고 있는지 모르겠다.

나는 오늘을 영원히 쓸 것이다.

오늘이라는 시간과 함께 흘러갈 사람은 바로 나이기 때문이다. 이 시간의 흐름에 더는 바랄 것이 없다. 그로 인해서 나는 영원할 것이다. 나는 그런 오늘을 남기기 위해, 시간과의 거래 없이 오늘을 아낌없이 쓸 만큼 써야겠다.

너를 생각하며 걷는 이 길이 결국 나를 사랑하는 길이고, 또 미래의 나로 향하는 길임을 알고 있다. 그렇게 나는 시간을 유영하는 존재이면서 스스로 시간을 만들어 가는 너이고, 나이고, 그이다. 처음의 나인 그 시작을 나는 충분히 인식하고 받아들이며 걸어갈 것이다.

시간은 화석이고 또 우주이기에 그 공간의 나는 벌써 존재했거나, 앞으로 존재하게 될 것이다. 우선은 그 의미를 정확하게 파악하고 받아들여야 한다.

다시 안녕?

오늘은 그 어떤 날보다도 더 화창하고 싱그러운 바람이 솔솔 불어왔으면 좋겠어. 하지만 생각처럼 날씨가 그리 화창하지 않아서 기분이 살짝 가라앉은 상태야. 뭐 그렇다고 그리 나쁜 것도 없어.

우리 오늘 만나기로 했잖아. 어쨌든 좋아! 약속 장소에 네가 나오든 나오지 않든 나는 담담해지기로 했거든. 너를 만나는 순간 속마음이 먹먹해질 테지만 그렇다고 너의 앞에서 슬픈 모습을 보이고 싶지는 않아.

딱 1년 만인가? 짧으면서도 긴 시간이 흘렀구나.

네가 오늘의 약속을 기억하는지? 아니면 새까맣게 잊고 다른 약속을 잡았을지도 모르겠다. 그래도 난 기다릴 거야. 물론 오늘이 약속한 날이지만, 약속 시간을 잡지 않았기 때문에 네가 언제 나타날지는 모르겠어.

카페 창가에 앉아 지나가는 사람들을 살짝 엿보기도 하고, SNS를 들여다보며 너의 생각에 골몰해지기도 해. 그런데 시간이 지나가면 갈수록 왜 이렇게 마음이 흔들리고, 입이 마르고, 목이 말라오는 걸까?

손님이 들어올 때마다 네가 아닌가? 해서 뒤돌아보지만 너는 아니야. 문이 열릴 때마다 계속해서 가슴이 쿵쾅거려. 커피잔을 들어 올리면 손까지 떨고 있는 나를 의식하기도 해.

그대로 되돌아갈지 생각도 해보지만, 이왕 나왔으니, 얼굴이라도 볼 욕심에 다시 마음을 가다듬는다. 애써 긴장을 풀려고 물을 따라 마시기도 하는데 도대체 왜 이렇게 떨리는지 모르겠어.

네가 이 자리에 있었다면 그건 아마 너도 나랑 같은 마음이었을 거야. 어쨌든 나는 오늘을 포기하지 않을 거야. 나의 첫사랑이었던 너에 대해 최대한의 예의를 지킬 셈이거든.

무슨 말부터 먼저 해야 할까?
"그동안 잘 지냈어?"라는 말은 너무 상투적이지 않을까?

우린 "사랑해."라는 말을 달고 살았었는데. 그런데 이제 만나는 것도 그렇고 "사랑해."라는 단어도 생소할 뿐이야.

카페는 1년 전이나 지금이나 별로 변한 것이 없어. 낯설지 않은 분위기에 나는 점점 스며들고 있어. 금방이라도 네가 올 것 같은데 나는 어떤 표정을 지어야 할까? 내가 잠시 한눈을 파는 사이에 왔다가 되돌아갔는지도 모르겠어. 나의 그대! '그대'라는 말이 자꾸만 안타까워지는 건 왜일까? 너의 이름을 불러 본 지가 얼마나 됐는지는 모르지만, 다시 너의 이름이 익숙해져야 할 시점이 다가오고 있어.

1, 2, 3, 하면 금방이라도 문을 열고 들어올 것 같은데. 아니다. 나는 어쩌면 너를 난처하게 만들고 있는지도 모르겠다. 옛 기억으로 미련을 버리지 못하는 나. 나는 가해자고 너는 피해자일지도 모른다.

3, 2, 1, 나는 자꾸 쉼표만 찍는다. 그러나 지금은 쉼표를 찍기보다는 마침표를 찍어야 하는 시간인지도 모르겠어. 이미 마침표가 되어버린 너였기에. 그 마침표로 너는 나와의 추억을 싹둑 잘라 버렸잖아. 그리고 우리의 만남은 이제 무의미하다는 것을 알고 있기 때문이기도 해.

한 곡만 들어야지 하면서 그 곡이 끝나면 나도 모르게 다음 곡에 귀 기울인다. SNS를 뒤적이며 시간을 계속해서 저울질하기 시작하는 건 또 무슨 생각에서일까?

내 삶의 시간을 거슬러 올라가다 보면, 그때의 내 모습과 지금의 내 모습이 하나를 이루면서 카페 문을 열고 네가 들어온다. 그리곤 네가 내 앞으로 다가와 앉는다. 너의 목소리는 밝고 산뜻해. 그렇게 네가 금방이라도 말을 붙여 올 것 같지만 그건 나의 바람일 뿐이야.
너와의 두 번째 이야기가 그렇게 끝나가고 있어. 아무 일도 일어나지 않은 오늘이기에 이제는 진짜 마침표를 찍어야 할 시간이야. 앳되고 발랄하던 너는 결국 오지 않았어.

마지막은 그렇게 흘러가 버리고 재회는 없었어. 이런 걸 미련스럽다고 하는 건가?

지금, 이 시간 이후로 비가 한바탕 내렸으면 좋겠어. 비라도 맞으면 기분이 훨씬 좋아질 것 같은데. 결국 만남은 미련이었고 기다림은 속상할 뿐이야.

이 하늘 아래 살다 보면 어디에선가 불현듯 만나게 될지도 몰라. 하지만 나는 너의 얼굴을 지울 생각이야. 너의 모든 것을 지울 예정이야. 그렇게 너의 기억을 지움으로써 너를 훨훨 날려 보낼 참이야.

미련 따위는 절대 있어서는 안 돼. 집착 같은 것으로 나를 혼란스럽게 만들고 싶지도 않아. 나는 이미 네가 될 수 없고, 너는 이미 내가 아닌 남이 되어버렸으니까. 미련, 집착 그런 것은 우리를 불행하게 만들 수 있음을 알기에 나는 더더욱 너와의 관계를 돌이키고 싶지는 않아.

나는 나약한 사람이 아니기 때문이야. 집착에 빠져 너를 괴롭히거나, 너를 억지로 내 마음속에 넣어 소유할 수 있다는 생각으로 나를 회피하고 싶지는 않아. 그런 사랑은 진실한 사랑이 아닌, 거짓으로 포장된 의미 없는 나약함일 뿐이지. 나는 내 자신을 결코 잃고 싶지는 않아.

우리 사이에는 아무것도 남아 있지 않았으면 좋겠다. 핑계일지 모르겠지만 오늘은 그냥 혹시나 하는 마음이었어. 그 혹시나가 변하지는 않았지만.

한때 너를 사랑했던 나이기에 너의 행복을 진심으로 바랄게. 잊혀야 할 사랑이 아닌 간직해야 할 사랑을 만날 수 있기를 바라!

"안녕!" 그렇게.

이런 사랑에 대해서

얼마나 너에게 나를 보여주어야만 너는 나의 마음을 알아줄 수 있을까? 그렇다고 너에게 사랑을 강요하는 것은 아니야. 다만 나의 사랑이 너에게 어느 만큼의 자리를 차지하고 있는지 궁금할 뿐이야.

이런 나의 마음은 조바심이 아니야. 그저 너의 마음을 조금만 알고 싶은 것뿐인데. 어쩌면 그런 나에게 네가 등을 보일지도 모르겠다.

부담감에 나를 떠밀어 내고 눈길 한번 주지 않을지도 몰라.

그냥 이대로 나의 사랑을 받아주길 기다리며 너의 등을 바라보고 있어야 하는지 걱정이야.

어떻게 하면 좋을까?

난 너의 앞에만 서면 나약하고 바보처럼 느껴져. 그래도 나의 그런 모습이 싫지 않은 건 왜인지 나도 모르겠어. 너를 사랑하기 때문일 거야.

어느 날은 말이야, 너에게 전화하려고 하는데 핸드폰 전원이 꺼진 거야. 서둘러 집을 나왔지만 약속 시간에 맞출 수 없고, 시간은 자꾸만 가는 데 전화도 할 수가 없었어. 그때 한 30분 정도 늦은 것 같았는데.

너는 약속 장소에 없었어. 그렇지만 나는 이러지도 저러지도 못한 채 커피전문점 한쪽에 앉아 발만 동동거렸어. 네가 기다리다가 화가 나서 되돌아가지는 않았을까 해서.

늦었지만 너의 목소리를 빨리 확인하고 싶은 생각뿐이었어. 충전기를 빌려 배터리를 충전하면서 서둘러 전원을 켰어. 마침 걸려온 너의 전화에 네가 화나지 않았나? 귀를 쫑긋 세웠는데.

“아직 기다리고 있는 거야?”
“응!”
“조금만 더 기다려 줄래? 길이 너무 막혀서.......”

얼마나 다행이었는지 몰라. 내가 늦게 도착했다면 너는 뾰로통한 얼굴로 나를 쏘아보았을 텐데 말이야. 어쨌든, 천만다행이었어. 왜 나는 너에게 만큼은 한없이 약해지는 걸까? 너에게는 한없이 소심해지는 내가 바보 같아.

너의 나라서 그런 건지, 아니면 나의 너라서 그런 것인지는 모르지만, 나는 우리가 꽤 잘 어울린다고 생각하는데 너는 어떨지 모르겠다.

때로는 티격태격하지만 우리는 잘 알고 있어. 내가 너에게 질 거라는 것을. 그러나 너는 이기고도 심통 나서 아무 말도 걸어오지 않아. 나는 그때야 생각을 해. 너는 오늘 분명 기분 나쁜 일이 있었을 거야.

다른 사람들은 몰라도 나는 알아. 네가 그 누구보다 더 예쁜 마음을 지고 있다는 것을. 그것이 너를 바라보고 있는 이유이기도 하지만 너는 너 자신을 사랑할 줄 알아. 그래서 자신을 대하는 것처럼 남들과도 격의 없이 지내지. 나는 그러한 너의 모습이 마냥 좋아.

다가가면 경계하며 한 발짝 뒤로 물러서는 사람이 있지만, 너처럼 한 발짝 앞으로 다가서려는 사람도 있어. 너와의 처음 만났을 때도 스스럼없이 네가 다가왔어. 나는 그러한 너의 넓은 마음이 좋았어. 앞으로도 너의 그런 다가섬이 계속 되었으면 좋겠어.

하지만 걱정이 되기도 해. 세상에는 좋은 사람만 있는 건 아니기 때문이야. 혹시나 다른 사람으로 인해 너의 마음이 다칠까 봐 그것이 나를 불안하게 만들어.

나와 함께 손잡고 걷지 않을래?

너는 겉으로 보기에는 강한 사람이지만 실질적 내면을 보면 착하고 따듯해! 그런 너를 사람들은 반하지 않고서는 배기지 못할 거야. 그래서 나는 그것이 두렵다. 그래서 나는 '너의 나라서'라는 말을 자주 사용하지만, 너는 왜 그런지 그 말을 싫어해. 나에게 만큼은 좀처럼 너는 가슴을 열어줄 생각을 하지 않거든.

유독 나한테만 그런 건지?

나는 점점 너를 닮아가고 있어. 너는 알지 못하겠지만 다른 사람들 눈에는 그렇게 보인다고 하는데. 모르겠어. 하지만 요즘 들어서는 거울을 볼 때마다 어디가 닮았다는 건지 확인하고 싶어져.

너와 많은 이야기를 하고 싶은데, 너의 주위에는 항상 친구들로 가득해서 내가 있어야 할 자리가 어디인지 모를 때가 있어. 그것이 서운해서 전화라도 하려고 하지만 뭐가 그리 바쁜지 통화 중이야. 그럴 때마다 나는 야속해지곤 해. 문자를 남겨도 '읽지 않음' 표시가 사라지지 않아. 그럴 때 난 어떻게 해야 하는 거니?'

언제부턴가 점점 멀어져 가는 너를 느끼곤 해. 그러면 나는 또 너를 찾아다니지.

"우리 연인인 것 맞니?"
"커플인 거 맞아?"
"내 마음 좀 이해해 줄 수 없는 거니?"

너에게는 투정으로 들릴지 모르지만, 난 그렇지 않아서 속으로 가슴앓이하곤 하는데 어쩌면 좋니?

친구들을 만나지 말라는 것은 아니야. 적어도 나한테만큼은 속삭일 시간을 주어야 하지 않을까? 너는 내 맘 같지 않아서 네가 자꾸만 미워져. 이러다가 서로 미워져, 우리의 사랑이 유리잔 깨지듯 깨질까 봐 그것이 나는 걱정되는데. 어떻게 생각하니? 우리?

혹시 내가 자꾸만 보채는 것 같아 그게 싫어서 나와의 거리를 두려고 하는 것은 아니지? 만약에 그런 것이라면 나는 정말 어떻게 해야 하는 거니? 그냥 지켜보면서 네가 웃으면 나도 웃고, 네가 슬프면 나도 같이 슬퍼해야 하고 그렇게 마냥 네 위주로 비위를 맞추면서 지내야 하는 거니? 그냥 의미 없는 관계, 그저 평범하게 아는 사람처럼 그렇게 지내야 하는 거니? 모르겠다.

내가 너무 앞서 나가는 것 같아 미안해. 지금 생각 같아서는 아무 책이나 꺼내 놓고, 그 두꺼운 책을 다 읽을 때까지 몇 번인가를 정독하고 싶어. 내 마음이 그렇게 복잡하다는 말이야. 내가 너무 편해서 그런 건지, 아니면 너를 향한 나의 마음이 대수롭지 않게 느껴지는 건지 알고 싶어!

궁금해서 한마디 물을게.
"정말 나를 사랑하기나 하는 거니?"

그렇게 물으면 넌 어떤 얘기를 해 줄래? 우린 지금 주위 사람들보다는 서로에게 더 많은 관심을 바랄 때라고. 이, 바보 멍청이야!

아마 너는 모를 거야. 너에게는 나보다도 더 많은 친구가 있기 때문이야. 그 친구들과의 만남이 싫다는 것은 아니야. 다만 나를 좀 더 봐달라는 거지.

이제는 너를 찾아다니지 않을 거야. 네 곁에 항상 잊지도 않을 거야. 네가 나를 찾아다녀야 할 거야. 그러다 보면 우린 어떻게 될까?

그냥 소리 없이 헤어진 의미 없는 남이 되겠지. 서로 다른 길을 걷게 될 거야. 우린 아마 시간의 굴레 속에서 한때 관심 있던 사람쯤으로 가볍게 생각하게 될 거야. 그리고 점점 기억 속에서 희미해져 가겠지. 이를테면 그렇다는 말이야.

그래도 지금은 아니야. 우리에겐 앞으로도 이야기할 거리가 아직 많이 남아 있기 때문이야. 젊음을 한순간 의미 없이 태워버리고 싶지는 않아.

언젠가는 지금의 우리를 생각하겠지. 하지만 그것은 그때의 시간일 뿐이야. 아직은 우리의 관계가 어떻게 될지 모르는 일이고 나중의 일이야.

지금, 이 순간을 그냥 흘려버리면 다시는 만날 수 없는 시간이 되는 거야. 그래서 그만큼 소중한 시간이지. 우리의 사랑이 그저 과거의 그때, 그 시간 속 주인공으로 잠깐 존재했을 뿐이라고 생각해 봐?

너무 허무하지 않아?

아직 늦은 것은 아니야. 그렇다고 너를 탓하는 것은 더더욱 아니야. 우리는 어쩔 수 없이 시간을 먹고 사는 존재니까. 시간 여행자라고 말할 수 있겠지. 그래서 나는 지금이 중요하고, 너를 사랑하기 때문에 지금이 더없이 소중한 거야.

나의 마음 이해해 줄 수 있을까?

나는 간절히 원하지만 너는

나에겐 소중한 네가 있어.

나를 잠시도 아무렇게나 내버려 두지 않는 너는, 나에겐 떨어지려야 떨어질 수 없는 나의 일부분임이 분명해. 그러한 너를 사랑하는 것은 당연한 일이며 이치이고 의미야.

나는 간절히 원해. 우리의 만남이 이미 결정된 숙명이듯 네가 영원히 나의 곁에서 아름다운 사랑만을 꿈꾸었으면 해. 그리고 서로를 위해 거짓 없는 참모습으로 노력하며 살아갈 수 있기를 간절히 원해.

네가 나에게 용기와 사랑의 힘을 지닐 수 있게 하듯이, 나 또한 너에게 진실한 사랑을 실현할 수 있게 많은 배려와 믿음을 줄 거야.

네가 없는 세상은 나의 존재를 무의미하게 만들거나 무능하게 만들지도 몰라. 그만큼 나에겐 이슬보다도 더 아름답고 영롱한 너인 거야.

너의 순수함은 나에게 티 없이 맑고 밝은 마음을 지니게 해. 내가 너를 간절히 원하는 것처럼 너 또한 나를 간절하게 여기기 때문이 아닐까?

너는 미워하려 마음먹어도 미워할 수 없는 나의 하나야. 나의 삶과도 같은 너는 내가 가장 사랑하는 사람이야. 내 무슨 수로 너를 탓할 수 있겠어.

너와 헤어진다는 것은 상상도 할 수 없는 일이야. 만약 헤어진다고 하더라도 누구의 잘잘못을 탓하지 않을 거야. 아니, 아무리 네가 미워도 나는 너를 미워할 수 없을 거야.

너의 입가에 그윽한 그 미소로 너는 나를 부르며 재촉해. 얄밉게도 아름다운 웃음. 너의 재미있어하는 모습을 보면 나는 이러한 생각을 하곤 해.

"내 가슴에 화살을 쏜 게 바로 너구나."

좀처럼 화를 내지 않는 네가 한번 진하게 화를 낼 때, 너무 애교스러워서 보다 못한 나는 가슴으로 너를 그득 안아줄 수밖에 없어.

"사랑해!"라고 여운 있게 말해주면 금방이라도 울 것 같은 표정으로 변하는 너의 모습에서, 나는 너 없는 삶을 상상하지 못한다. 그렇게 너로 인해 나는 진실하고 소중하게 사랑을 깨닫는다. 이 세상에서 나를 행복하게 해줄 수 있는 사람은 오직 너 한 사람뿐이야.

사랑한다고 천만번쯤 말해도 사랑이라는 단어가 어색하게 여겨지지 않을 것 같은 너는 내가 소중하고 간절하게 원하는 사람이야!

나의 곁에 항상 붙어 있는 너는 거절할 수 없는 나의 일부분 처럼 느껴져. 내가 책을 볼 때면 옆에 앉아 책장을 넘기며 나의 표정을 살피고, 내가 멍하니 앉아 이러저러한 생각에 골몰할 때면 자기도 뒤질세라 덩달아 생각에 잠기는 너는 나와 하나가 될 수밖에 없어. 그런 너는 이전부터 부정할 수 없는 나의 사랑이었어.

그러나 아직도 너는 몰라. 우리가 이미 하나가 되어 있다는 것을.

그것은 나의 무표정과 너의 소심함 때문이라는 걸 나는 아는데. 네가 나와 같은 행동과 생각을 하려 할 때 나의 감정을 짐작하지 못해서 너는 힘들어하지. 물론 너도 그러한 거리감으로 나를 판단하기 힘들게 만들기도 해.

너와 마주 앉아 몇 시간을 이야기해도 이야깃거리가 떨어지지 않고, 거리를 같이 걸어도 심심하지 않은 것은 그만큼 서로에게 포근함과 다정함을 느낄 수 있다는 증거야.

하루에 수십 번의 전화 통화를 해도 싫증이 나지 않는 것 또한 부정할 수 없는 또 하나의 증거야.

같이 앉아 커피를 마시면서, 서로의 눈을 의식하며 무언으로 말해도 알아듣는 너는 매혹적이다 못해 깨물어 주고 싶은 강한 욕구를 느끼게 한다. 하지만 그것은 나의 짐작과 생각뿐이라는 게 나를 힘들게 만들어.

너의 볼에 살짝 입 맞추었을 때 느껴지는 그 상큼한 장미꽃 향기는 나를 더욱 감성적으로 이끌기도 해.

알 수 없는 일이야!

내가 그토록 너에게 사로잡혀 움직일 수 없는 것은 아마도 너의 사랑에 눈먼 탓은 아닐까? 머리끝에서 발끝까지 어느 한 곳 미워할 수 없는 나의 사랑. 내가 원하는 것은 우리만의 평범하고 소박한 사랑인데, 너는 알까? 아니 나는 알까? 너의 마음을 말이야.

나는 소박한 사랑의 시를 쓰고 싶다.누가 뭐라고 해도 부끄럽지 않을 사랑을 쓰고 싶어. 스쳐 지나가지 않고 항상 곁에 있으면서도 없는 척 나를 이끌어 주는 너의 사랑을 간직하고 싶어. 나는 너의 가슴에 아쉽지 않을 사랑을 아름답게 쓰고 싶은 거야. 한없이 읽어도 지루하지 않을 사랑의 시를 거짓 없이 쓰고 싶어.

이런 나의 마음을 너는 알까? 평범하면서도 지속적이고, 순간적이면서도 강렬한 사랑의 향기를 너의 가슴에 가득 채우고 싶다.

일곱 빛깔 무지개의 천연덕스럽고 꾸밈없는 자연스러운 사랑을 너에게 말하고 싶어. 평범하면서도 지속적이고, 순간적이면서도 강렬한 사랑의 힘을, 너와 함께 최선을 다해 만들어 보고 싶다.

너에게서 나를 확인하고 싶은 거야. 그래야 부족하지 않음으로 너를 행복하게 해 줄 수 있을 테니까. 내가 아직 메마르지 않았음을 보여주고 싶기도 해. 아침이슬처럼 촉촉하고 싱그러운 느낌으로 너에게 남고 싶어.

사랑하는 나의 너라서 내 모든 것을 보여주고 싶은 거야. 너를 확인하고 나를 확인하면서 우리가 하나라는 것을 느끼고 싶은 거야. 잊히지 않을 진실한 사랑을 행복이라는 단어 앞에 먼저 쓰고 싶어.

아마도 나의 서툰 욕심이겠지.

메말라 있던 내 가슴은 너의 촉촉함으로 다시 살아나고 있어. 어쩌면 좋을까? 아직은 미숙하지만 언제나 우리의 시간을 파노라마처럼 만들어 가고 싶은데. 그 파노라마의 여주인공이 되어주면 안 되겠니?

나 혼자만의 꿈이 아니었으면 좋겠어!

일상의 모든 것들과 함께

초저녁 잿빛과 주홍빛의 황혼이 한결 여유롭게 느껴지는 시간입니다. 바닷가가 내려다보이는 언덕에 올라 하염없이 물들고 있는 서해 갯벌의 아름다움에 취해봅니다. 한없이 매료되어 시간 가는 줄도 모르고 넋을 잃고 앉아 있습니다.

종이컵에 반쯤 채운 새콤한 포도주의 향기와 함께 시간이 초롱초롱 물들어 갑니다. 나의 얼굴도 덩달아 스스럼없이 물들어 갑니다. 바람과 함께 밀려오는 천연덕스러운 풀벌레의 노랫소리가 좋아 내 마음도 속절없이 발갛게 물들고 있습니다.

그리 길지도 짧지도 않은 시간과 마주하고 앉은 이 시간이 잠시 멈추었으면 하는 마음입니다. 포도주를 입안으로 달콤하게 넘기며 시간의 흐름에 나를 맡깁니다.

아무것도 하지 않은 채 자연을 느끼는 것이 언제였는지 가물거릴 뿐입니다. 이 평온한 풍경에 나를 아낌없이 맡기면 그만입니다. 그다음의 몫은 온전히 자연입니다.

복잡한 일상의 모든 것들과 시간의 촉박함을 잊을 수 있어서 더없이 행복합니다. 낯설지만 그리 낯설지 않은 곳. 더 무엇이 필요할까요? 이방인인 나의 존재가 낯설겠지만, 이 모든 것이 나를 받아들여 줍니다. 이곳에서는 새로운 모습의 나를 발견하게 됩니다.

나는 이름 모를 풀꽃의 향기와 풀벌레의 속삭임과 함께 풋풋한 자연의 축제를 벌이는 중입니다. 표현할 수 없는 무수한 아름다움을 지니고 있는 제각각의 생명들이, 나름의 자태를 부리는 것이 마치 교향악단의 조화로운 조합 같습니다.

그중에는 동심으로 돌아간 나의 모습도 보입니다. 보고 느끼고 맛을 보다 보면 하나가 된 기분입니다.

사랑받을 조건을 충분히 지니고 있으면서도, 사랑을 받기보다 외면당하는 이 생명들은 나 같은 인연을 기다리고 있었는지도 모릅니다.

잠시 왔다가 가버리면 그만인 나에게 이처럼 풍만한 자태를 보여주는 이들은 더없이 소박한 향기를 지니고 있습니다. 모든 사람의 연인이 되기를 기다리고 있는지도 모르겠습니다.

이들은 너무 많은 것을 바라지 않습니다. 그런데도 초라하게 변해가는 이들은 그런 와중에도 반갑게 나를 받아들이고 있습니다. 비록 잠시 존재하는 시간이기는 하지만 이 순간 나는 이들에게 반해 버렸습니다.

숨을 깊게 들이마시면 마실수록 이들은 더욱 향기롭고 부드러운 여운을 제공합니다. 이곳에 마냥 오래도록 앉아 있고 싶습니다. 발길이 좀처럼 떨어지지 않는 것은 이들과 짧지만, 많은 이야기를 주고받으면서 친해졌기 때문입니다.

오래도록 함께 속삭이고 싶은 마음에 나는 포도주 한 모금 마시며 이들의 속삭임을 따라갑니다. 그리고 이들의 청아한 사랑의 가사를 가슴 깊이 담아 봅니다. 이들은 나를 위해 한 편의 새콤한 사랑 시를 읽어줍니다.

벗어나고 싶지 않은 순간입니다. 하지만 일상으로 돌아가야 하는 것은 나에게 주어진 의무이며 나에 대한 약속이기도 합니다. 나는 다시 만날 시간을 기약하며 무거운 발걸음을 옮깁니다.

뒤돌아 걸어가는 나의 등 뒤로 그들의 청량함이 가라앉습니다. 그들이 숨죽이는 것은 사랑해 줄 상대가 없기 때문이지만 그 아쉬움을 또 다른 기다림으로 지켜나갑니다.

나는 풀꽃향기 가득한 시골길을 걸어가고 있습니다.

인적이 드문 곳, 풀벌레가 소리 높여 노래 부르고 있는 감미로운 이곳은 나를 편안하게 만들어 줍니다. 마치 나의 안식처가 된 것처럼 나를 받아들여 줍니다.

무의식적으로 떠오르는 당신의 사랑스러운 모습과 한없이 느껴지는 시골의 서정적인 정취가 나를 포근하게 감싸줍니다. 형언할 수 없는 아름다움과 풍성함은 빈약한 나 자신을 결코 부끄럽게 만들지 않습니다.

풀벌레의 꾸밈없는 노랫소리와 촉촉하고도 맑은 공기는 나를 더더욱 감성적으로 자연스럽게 이끌어 줍니다.

자책의 나날로 허덕이던 나의 처량함은 이 모든 것들로 인하여 점차 회복되고 있습니다. 온몸 구석구석까지 품어주는 이들은 나의 친구이며 은인입니다.

한순간의 실패로 인해 좌절했던 내가 부끄러워집니다. 심지어는 죽음의 유혹까지 마음에 두었던 나 자신이 바보 같아 보입니다. 나를 일으키려 하기보다는 나를 자꾸만 숨기려 했던 끈적거렸던 그때의 내가 원망스럽습니다.

한때 사랑했던 당신을 이제는 스스럼없이 생각할 수 있습니다. 그리고 좀 더 여유로움을 간직할 수 있어서 이곳에서의 시간이 좋습니다. 평화로움이 깃든 이 시간은 그처럼 아름다운 풍경 속에 나를 하나이게 합니다.

한순간의 좌절을 일깨우고 나무라지만, 외면할 수 없는 시간입니다. 온전한 나의 시간입니다. 영원히 이곳에 존재할 수는 없지만 소중함을 지닐 수 있는 만큼 어리석은 생각은 금물입니다.

이곳에 있는 것만으로도 나는 행복하고 감사합니다. 더 이상의 욕심은 없습니다. 나를 치료해 주고 사랑해 주는 이들은 나의 속일 수 없는 친구들입니다. 잠시 시든 나의 정신과 육체는 벌써 이들과의 만남으로 치유되고 있습니다.

그러나 이 시간이 흐르고 이곳을 떠난 뒤에는 까맣게 잊을지도 모릅니다. 시간에 얽매여 이도 저도 하지 못하는 반복적인 일상에 다시 나 자신을 혹사할지도 모릅니다.

서글픈 일입니다.

처량한 모습의 나를 기다리고 있을 이들을 생각하면 더더욱 가슴 아프게 여겨집니다. 내가 이들에게 할 수 있는 것은 불신을 배제한 믿음을 심어 주는 것입니다.

자그마한 노력이기는 하지만 그럴 땐 스스럼없이 이곳으로 달려와 서로 호흡할 수 있는 친구가 되겠습니다.

틈틈이 이들을 돌아보며 나 자신을 돌이켜 보는 계기로 삼겠습니다. 우리에게 많은 것을 주면서 결코 대가를 바라지 않는 이들을 외면할 수 없습니다.

이 촉촉함과 포근함이 한없이 좋습니다. 나는 이제 쉽게 지치지 않을 자신이 있습니다.

비포장도로 옆, 먼지에 덮여 초췌하고 추하게 자리를 잡고 앉은 이들이 속삭입니다.

"우리도 꽃이라고요. 하지만 무관심한 당신들에게 바라는 것은 없어요."

이름 모를 야생화는 우울증에 시달리고 있는 듯, 아무도 보지 않으려는 듯 웅크리고 있습니다. 차가 달려오면 흙먼지를 뒤집어쓰고 다시금 고개를 숙이고 마는 그 속마음을 누가 알까요?

도로 옆에 뿌리를 내릴 때까지도 행복함과 설렘으로 가슴 졸이며 꿈을 꾸고 있었지만, 그 꿈은 어처구니없이 무너지고 말았습니다.

사랑받고 싶었던 욕심은 책망의 늪으로 빠져버렸고, 아무도 거들떠보지 않는 자신들의 모습이 처량했을 겁니다. 하지만 이들은 자기들만의 특유의 체취를 지니고 있습니다. 누구도 흉내 내지 못할 힘을 지니고 있습니다.

인간의 보살핌으로 자라나는 꽃이 아닙니다. 그 누구의 도움 없이 스스로 일어설 수 있는 수수하고 순박함을 지니고 있습니다. 때 묻지 않은 그 힘으로 좌절하지 않고 버틸 수 있는 겁니다.

그러나 사랑해 주는 사람이, 바라봐 주는 사람이 없는 한 야생화들은 서운해할 겁니다. 흙먼지가 쌓여가는 자신들의 모습이 원망스러울 겁니다. 그래도 야생화는 좌절하지 않습니다. 언젠가는 누군가 다가와 자신들의 의미를 알아줄 수 있다는 것을 믿고 있기 때문입니다.

자신들의 얼굴에 비라도 한줄기 시원하게 쏟아지고 나면 잊었던 사랑을 되살리고자 합니다. 한껏 폼을 내보지만, 야생화는 다시 초라해질 수밖에 없습니다. 나는 그 초라함을 비꼴 수가 없습니다. 어차피 입장만 다를 뿐이니까요. 아직 익숙해지지 않은, 다듬어지지 않은 사랑이기 때문입니다.

사랑해 주는 연인의 손길이 가까이에 있지 못하지만, 야생화는 나름 다시 일어날 겁니다. 누군가에게 자신의 이름이 불리게 될 그날을 기다리고 또 기다릴 겁니다.

가까이 다가가려 하면 먼발치에서 흙탕물을 뿌리는 고약한 심보도 있을 겁니다. 그렇지만 좌절하지는 않을 겁니다. 훗날 자신들의 사랑을 이해해 줄 거라는 믿음이 있기 때문입니다.

어쩌면 야생화는 다가서는 사람들의 손길이 부담스러울지도 모릅니다. 무턱대고, 그저 다시 보니 예쁘다고 꺾어서 귀에 꽂는 그 낯선 손길과 거침이 싫을 겁니다.

사랑받지 못하는 사람이 추해지거나 안타깝다고 여기는 것은 잘못된 생각입니다. 언젠가는 그를 알아주는 손길이 있을 테고 그로 인하여 많은 이들의 이목을 받게 될 겁니다. 그렇게 야생화는 가슴 아파하지 않습니다. 아름다운 마음을 지닌 사람에게 사랑받고 싶은 야생화는 그에 아랑곳하지 않고 용기를 잃지 않을 겁니다.

그리고 잠시도 자신을 게을리하지 않습니다. 게으르면 게으를수록 사랑받지 못할 것이라는 신념을 지니고 있기 때문입니다.

잠시라도 보아줄 수 있으련만, 보아주지 않는 낭패를 당해 왔지만, 까짓것 필요 없습니다. 많은 시간 동안 자신을 아끼며 사랑해 왔기 때문입니다.

사랑을 성취하기 위해서, 사랑을 먼저 전해주려고 노력하는 야생화의 마음이, 그 소박하며 천진스러운 마음이 경이롭게 여겨집니다.

어느 곳에선가 따사로운 눈길을 기다리며, 명상을 즐기고 있을 그들의 아름다운 마음이 해맑은 미소로 전해져 오는 것만 같습니다.

자신들의 영혼을 부끄럽지 않게 생각하는 그들의 신념이 사랑스럽습니다.

"잠깐만 눈여겨보세요."라고 야생화는 말합니다. 하지만 사랑을 가장하여 함부로 다가서는 손길은 싫어합니다. "제 허리를 꺾지는 마세요!"라고 말합니다.

"꽃은 마음으로 보는 겁니다. 그렇게 욕심을 부리면 나는 꼭꼭 숨어버릴 거예요."

그 사소한 의미도 모르는 당신의 눈에는, 결코 야생화의 향기도 그 화려함도 보이지 않을 겁니다. 그렇게 사랑은 꽃의 의미이며 존재의 그윽한 자유입니다.
일상의 모든 것들과 함께.

만남은 결코 장난이 아니지만

만약 당신이 간절한 사랑을 원한다면 그것은 결코 소설이나 영화에 나오는 이야기가 아니어야 합니다. 가상의 인물에 대한 동경보다는 자기 내면을 직접적으로 표현할 수 있는 자세를 갖추어야 합니다.

만남은 그 누구의 일방적인 힘으로 이루어질 수는 없습니다. 원하는 상대에게 진실을 보여 줄 수 있을 때, 서로의 감정이 통할 때 선택하는 것입니다. 절대 자신만을 내세워서는 안 됩니다.

당신이 그를 원함으로 인하여 선택은 시작된 것이며 그다음은 상대의 온전한 몫입니다. 그 누구의 작용도 없어야 합니다.

사랑의 선택은 동등한 것입니다.

일방적으로 자신을 내세우고, 상대를 탓하면 탓할수록 당신은 불행을 초래하게 될 겁니다. 그리고 조급해하는 자신을 발견하게 될 겁니다. 그러면서도 당신은 아니라고 부정할 겁니다. 그것이 아니라고 간과해 버린다면 당신의 자격은 이미 박탈된 것이나 다름없습니다.

당신의 뜻대로 만남이 이루어졌다 할지라도 그것은 자신의 성취욕으로 인한 거짓된 모습에 지나지 않을 겁니다. 상대에게 보이는 불행을 당신은 왜 똑바로 보지 못합니까?

상대가 감당할 거로 생각한다면 당신은 아주 염치없고 못된 사람입니다. 그러한 사랑일수록 자기만족의 수렁에서 벗어날 수 없습니다. 결국에는 불행을 자초하게 될 겁니다. 당신에게는 아무 일도 아닐 테지만 상대에게는 엄청난 고통의 나날이 뒤따를 겁니다.

그것을 원하나요?

자신을 지탱하는 성취는 상대에게 지옥일 뿐입니다. 먼저 자신이 상대에게 무엇을 해주었는지 깨달아야 합니다. 당신이 상대에게 준 것은 없습니다.

만약 당신이 몇 캐럿짜리 다이아몬드와 비싼 옷가지, 그리고 원하지 않는 화려한 생활을 보장해 주었다고 칩시다. 상대가 바라지 않는다면 그러한 것은 사랑이 아닌 소유욕에서 비롯된 강압에 불과합니다. 그렇지 않더라도 상대가 원하지 않는 관심은 상대에게 큰 죄를 짓는 것입니다. 법으로 처벌받아 마땅할 흉악한 범죄입니다.

당신이 상대에게 해줄 만큼 해주었다고 단정하는 것은 당신의 낯 뜨거운 거짓의 포장입니다. 상대는 당신에게 원하는 것이 없었을뿐더러, 당신이 두렵고 무서운 나머지 피하려 했을 겁니다.

정작 당신이 전한 것은 정신적 폭력일 뿐이었습니다. 물질적인 것으로 상대의 환심을 샀을 뿐입니다. 상대는 그 물질적인 것도 혐오스러웠을 겁니다. 당신은 상대에게 정신적 사랑을 충족시켜 준 것이 아니라 끔찍한 삶을 안겨준 겁니다.

상대에게 인정받지 못한다면 당신의 사랑은 그 자리에서 멈추어야 합니다. 그렇지 않다면 남아 있던 당신에 대한 상대의 감정도 저주로 돌변해 버릴 겁니다.

사랑은 서로에 대한 믿음이 있어야 합니다. 사랑의 확신을 주지 못한다면 그 모든 것이 허사가 되는 것입니다. 사랑을 원한다면 자신을 낮추거나 멈추어야 합니다. 그럴 때 어쩌면 상대가 당신의 마음을 알게 될지도 모릅니다. 그렇게 된다면 당신의 삶은 풍요로울 겁니다.

그렇다고 사랑만을 먹으며 삶을 살아갈 수 있다는 것은 절대 아닙니다. 사랑은 과하지도 또 넘치지도 않아야 합니다. 당신이 진정한 사랑을 원한다면 나름대로 상대를 평가해서는 안 됩니다. 또한 영화 속의 화려한 연인을 꿈꾸어서도 안 될 일입니다. 그것은 당신을 아프게 만들 겁니다. 그것은 사랑에 대한 오만일지도 모르겠습니다.

만남이 쉽게 이루어질 수 없는 것처럼 헤어짐 또한 쉽게 생각해서는 안 될 일입니다. 사랑을 가볍게 생각한다면 그것은 안개 속에서 허상을 잡기 위해 뛰어다니는 것에 불과합니다. 그리고 한순간의 호기심으로 사랑을 즐기고 가볍게 잊어버리는 의미 없는 만남은 간직하지 말아야 합니다. 그것은 에너지 소모일 뿐입니다.

원하던 사람과 몇 시간을 보냈지만, 생각과 다른 상대의 면모에 돌아서 버리게 되는 만남처럼 속절없는 것은 없습니다. 그것은 판단에 대한 오류입니다. 상대에게 자신을 실속 없는 사람으로 인식시키는 결과를 낳을 뿐입니다. 성급함으로 의미가 퇴색되는 일은 없어야 합니다.

그처럼 사랑을 너무 쉽게 판단해서는 안 됩니다. 그리고 감정을 다스릴 줄도 알아야 합니다. 상대를 자세히 알지 못하면서 자기감정에 취해버린 결과입니다. 그것이 사랑이 아니었다는 것을 뒤늦게 깨닫고 당신은 상실감에서 헤어 나오지 못할 겁니다.

그렇다면 당신은 아직 사랑할 준비가 되지 않은 것입니다. 당신은 사랑꾼이 되기 전에 초보 티부터 벗어야 합니다. 당신은 아직 사랑이라는 것에 익숙하지 않은 겁니다. 사랑의 과정을 당신은 다시 배워야 할지도 모르겠습니다.

당신의 만남은 결코 소설이 될 수 없습니다. 더더군다나 예정된 하찮은 실연쯤으로 생각하는 당신이라면, 당신은 만남을 이끌 자격이 없습니다.

간드러진 말과 애교스러운 행동으로 상대를 실컷 희롱하고 뒤돌아서면 그만인 사랑은 안 됩니다. 까맣게 잊어버리고 비웃듯 새로운 상대를 찾아 떠나 버리는 몹쓸 인연이라면 당신과의 만남을 흔쾌히 수락할 사람은 없을 겁니다.

사랑을 하찮은 것으로 치부해 버리는 당신은 사랑을 해서는 안 되는 몹쓸 사람입니다. 당신의 치졸함에 혀를 내두를 수밖에 없습니다.

당신은 사랑을 한 것이 아니라 상대에게 아픔을 준 것입니다. 정신적 육체적으로 상대를 짓밟아 놓고, 상대에게 마음의 병을 남겨두고 뒤돌아서면 그만인가요? 당치 않은 일입니다. 그것은 가학입니다.

당신은 떠나면 끝이라고 생각하겠지만, 당신이 입 밖으로 쏟아놓은 거짓된 말들은 아직도 상대를 혼란스럽게 만들고 있습니다. 당신은 자신의 책임이 아니라고 강조합니다. 하지만 그 말조차도 학대의 연장이라는 것을 당신은 왜 모르는 겁니까?

어떡할까요?

왜 마음에도 없는 표현으로 상대를 농락한 것입니까?

상대는 당신으로 인해 자책의 어두운 늪으로 걸어 들어가고 있습니다. 당신은 일방적인 말과 행동으로 한 사람에게서 사랑을 훔쳐낸 것입니다. 당신은 사랑을 농락한 흉악한 절도범입니다. 아마도 상대는 다시는 사랑을 믿지 않게 될지도 모릅니다.

왜 그랬나요?

상대의 마음을 이끌어 놓고 일방적으로 사랑을 과소평가해 버리는, 한순간 부정해 버리는 당신의 정신세계가 궁금합니다. 꼭 그래야만 했나요?

그토록 간절히 원하며 기다려 온 시간이, 그 짧지 않은 시간의 결과가 상대만의 착각이었을까요? 당신은 옳지 않은 사랑을 빙자하고 이끈 범죄자입니다. 육체적 관계에 급급한, 욕정에 눈이 먼 파렴치한입니다. 있지도 않은 사랑을 꾸며낸 당신을 상대는 용서하지 않을 겁니다.

사랑과 육체적 쾌락을 혼동하여 자신을 부끄럽게 만드는 것은, 자신의 만족에 급급한 이기주의적 성향입니다. 그것은 자신이 형편없는 사람임을 인정하는 것입니다. 결국 타락의 길을 자처하는 것입니다.

그것은 이성을 지닌 인간으로서 용서받지 못할 가장 추악한 죄악의 모태입니다.

잠시 자신의 마음에 귀 기울여 보세요. 끝없는 갈망만으로 자신을 이끌고 갈 수는 없습니다. 훗날 자신에게 주어질 그 고통의 높낮이를 감수하여야 합니다. 의미 없이 사랑을 빙자한다면 자신은 결코 성숙한 인물로 상대에게 평가받지 못할 겁니다.

당신은 말합니다. 상대의 성격과 환경 차이로 극복할 수 없었다고 말하는 당신의 지금 모습이 부끄럽지 않습니까? 상대가 당신을 용서하고 성격과 환경의 차이를 극복한다면 당신은 어쩔 건가요?

다른 사람과 걸어가는 당신은 초라해 보일 뿐입니다.

빌어먹을 자식!

당신은 거짓됨을 반성해야 합니다. 당신은 그 과오를 후회하게 될 겁니다. 당신의 마음속에 존재하는 거짓처럼 당신도 또 다른 상대의 거짓됨에 상처를 입고 말 겁니다.

사랑을 믿지 않는 당신에게 이제 그리 소중하지도, 순결하지도 않은 당신의 영혼은, 젊음을 가난하게 배회하게 될 수밖에 없을 겁니다. 당신은 더 이상 사랑의 감정을 돌이킬 수 없을 겁니다.

이미 흘러간 시간이기에 당신의 영혼은 결코 깨끗해질 수 없을 겁니다. 당신에게는 대수롭지 않은 사랑이었지만, 그 덕에 상대는 사랑에 대한 소중하고 애틋한 감정을 잃어버리게 됐습니다.

이제 당신의 거짓된 사랑에 놀아났던 상대는 당신이 그랬던 것처럼 치를 떨며 당신을 비웃을 겁니다. 자기 잘못을 인정하고 후회해도 당신은 용서받지 못할 겁니다. 진정한 사랑을 만나게 되지는 못할 겁니다.

나쁜 버릇은 쉽게 고칠 수 없기 때문입니다. 그만큼 사랑은 신중하게 고려해야 하고 진심이 담겨 있어야 합니다. 사랑은 거짓이어서는 안 됩니다.

이제 당신 노력 여하에 달렸습니다.

돌이키지 못할 사랑에 연연해서는 안 됩니다. 미련을 남긴 채 애써 슬픔과 괴로움의 상처를 만들어야 할 필요는 없습니다. 지혜롭게 처신하면서 자신의 본모습을 되찾는 것이 가장 현명한 판단입니다.

허구와 진실의 갈래에 서서 어느 쪽으로 치우칠 것인가에 대한 선택의 여지는 없습니다. 오직 자신의 노력만이 자신을 이끌 수 있는 깨달음입니다.

자신을 부정해서는 안 됩니다. 왜 부정하려고만 합니까? 왜 자신을 버리고 하찮은 것들을 끊임없이 동경하려 합니까? 자기 내면이 거짓됨 없이 진실하다는 것을 왜 자꾸만 숨기려 합니까?

사랑 앞에 선 당신은 겁부터 먹고 있습니다.

돌이켜 보면 절망의 순간은, 그 절망의 순간에서 벗어날 수 있었던 것은 자신을 믿고 있었기 때문입니다. 그 깊은 고독의 늪에서 비로소 자신을 깨달을 수 있었기 때문에 가능했던 일입니다. 자신을 낮추려 하지 말고 현실의 자신을 바라보고 직시해야 합니다.

사랑의 본질이 무엇인지 알아야 합니다. 사랑을 실현하기 위한 그 근원은 바로 당신의 자신에게서 시작된 것입니다. 그것을 깨닫지 못한다면 당신은 점차 초라해질 뿐입니다.

마음속에서부터 간절하게 원했던 그 사랑을 왜 스스로 외면하려 합니까? 당신이 이루려는 그 근원이 자신에게 있다는 것을 깨달아야 합니다. 회피하지 마세요. 계속 회피한다면 차갑게 식은 심장을 되돌리지 못할 겁니다.

결국 잘못된 신념은 당신을 좌절하게 만들어 놓을 겁니다. 자신을 억압하지 마세요. 심장에서 뜨겁게 불타오르는 감정의 근원을 두려워하지 마세요.

있는 그대로 받아들이고 느끼면 되는 겁니다. 그것은 당신의 바람이기 이전에 당신을 사랑하는 이들의 바람이기도 합니다. 당신은 다시 용기를 내야 합니다. 자신에 대한 의무를 속절없이 저버려서는 안 됩니다.

잔잔한 운율의 흐름처럼

방안에는 아무도 없습니다. 그러나 분명 누군가가 나를 지켜보며 불투명한 미소로 노려보고 있습니다. 턴테이블 위에 먼지를 닦은 음반을 올리고 촛불을 켭니다. 그리고 직접 간 원두로 커피를 내립니다.

잠시 후 클래식의 티 없이 맑은 음색은 나를 유혹하듯 시간 위를 한가롭고 평화롭게 걷게 합니다. 그 흐름을 나는 간직하지만, 정작 그 흐름 속에서 나는 많은 갈등을 느낍니다. 그 잔잔한 운율을 손에 꼭 쥐고 그 흐름을 내 것으로 받아들이고 싶습니다.

열어 놓은 창문 사이로 계절이 바뀐 향기로운 바람이 들어와 가슴을 살짝 설레게 합니다.

여전히 나를 주시하는 시선은 곱지 않은 입김을 품어냅니다. 나는 그 시선을 피해 클래식 음색의 유혹 속으로 다시 빠져듭니다. 어느새 나는 숲속 오솔길 낙엽 위를 사각사각 거니는 상상을 합니다.

그 여운은 맑고 고운 소리를 만들며 한결 편안하게 나를 이끌어 줍니다. 가벼우면서도 따듯하게 이끌어 주는 선명한 움직임이 있어서 마냥 좋습니다.

낙엽의 사각거림은 저절로 나를 이끌고 서슴없이 걷게 합니다. 자세히 그 냄새를 맡으면 바삭바삭하면서도 구수하게 익어가는 향기가 느껴집니다.

나를 주시하던 시선은 더 이상 좇아오지 못합니다. 그 시선과의 공백은 이미 끊어진 지 오래입니다. 나는 나의 길 위에서 소곤소곤 다가서는 속삭임을 느낍니다.

낙엽이 흩날리는 그 평화로움의 공간에는 한 권의 책을 들고 거니는 상냥한 여학생의 감수성이 스쳐 지나갑니다. 그 여학생에게 마음을 담은 손 편지를 쓰고 싶습니다.

새들의 노랫소리가 들려오는 나만의 숲. 아름드리나무가 무성한 그 숲에는 산뜻한 공기가 마치 마중이라도 나온 것처럼 나를 반겨 줍니다. 나는 그곳에 한 그루의 나무로 서 있습니다.

나는 그 흐름에 익숙함을 느낍니다. 나는 그 흐름이 좋습니다. 그 이끌림이 좋고 그 향기가 더없이 좋습니다.

내일을 위해 은은한 커피를 내려 마시며 그렇게 밤을 즐깁니다. 고요함과 적막함이 가득한 나만의 쉼터에 그 누군가를 초대하고 싶어집니다.

나는 거리낌 없이 나만의 쉼터를 흔쾌히 내어 줄 수 있습니다. 그런 사람이 당신이었으면 좋겠습니다. 그런 사람이 나의 사랑이었으면 좋겠습니다.

언젠가 연인에게서 받았던 한 통의 편지를 읽으며 나는 그때를 다시 생각하고 있습니다. 그 길은 내가 항상 걷고 싶었던 길입니다. 하지만 이제는 걸을 수 없는 길이기도 합니다. 어쩌면 그때는 그와 나의 안타까움이 이미 정해져 있던 길이었는지도 모르겠습니다.

누구의 시선도 의식하지 않고 나는 그 익숙한 길을 걷고 있습니다. 그것은 내 기억 속에 있는 그에게로 향하는 길입니다. 한때 존재했었음을 부정하지는 않겠습니다.

그와 함께 했던 시간과 그 아낌없이 넉넉했던 마음이 담긴 손 편지는 이제 내게서 잊혀야 할 것들입니다. 나는 다시 시간을 써야 합니다. 나름 나만의 시간을 만들어야 합니다. 그것이 내게 주어진 길이며 걸어가야 할 길입니다. 아직까지는 그 길을 차근차근 걸어가고 있습니다.

그런데 그 많던 손 편지는 어디로 사라졌을까요? 어디엔가 더 있을 겁니다.

그렇게 시작된 의문에 이곳저곳 그와의 대화를 찾아봅니다.

그리고 그의 문체를 발견하는 순간 나도 모르게 아쉬움의 한숨을 내쉽니다.

"이쁨!"

그 때문에 알게 된 그 단어가 참 감미로웠습니다. 그 이쁨을 나는 아직도 가슴속에 간직하고 있었던 겁니다. 왜 나는 그 이쁨이라는 단어를 찾아 헤맸던 것일까요?

나는 그의 필체를 기억하고 또 그의 마음도 기억하는데 왜 나는 그를 잊으려 했던 걸까요? 모르겠습니다.

우린 사랑이라고 말하지 않았습니다. 하지만 그것은 사랑의 시간이었고 느낌이었습니다. 알면서도 무엇 때문에 나를, 그리고 그를 부정했는지는 모르겠습니다.

당신이 이쁨을 받았으면 좋겠습니다. 살아가는 동안, 살아 있음의 시간 속에서 절대 아프지 않았으면 좋겠습니다. 내가 그에게 해 줄 수 있는 말은, 최소한의 예의는 그것이어야 한다고 봅니다.

나는 다시 누군가와 걸을 그 길을 생각합니다. 무르익어 가는 밤, 그 누군가와의 만남을 원하는 편지를 다시금 생각해 봅니다. 하지만 마음에도 없는 단어를 억지로 끌어내고 싶지는 않습니다.

나를 의지할 수 있고, 또 내가 의지할 수 있는 그런 사람이 곁에 있었으면 좋겠습니다. 그런 당신을 발견하게 된다면 나는 더 이상 망설이지 않겠습니다.

당신에게 거침없이 달려갈 겁니다. 당신을 향해 아낌없이 달려갈 겁니다.

겸연쩍은 일입니다.

거리를 걸으며 남의 시선을 의식하는 나의 소심함이 그저 나약하게 느껴질 뿐입니다. 굳이 그래야 할 이유가 없음을 누구보다 더 잘 알고 있으면서, 남의 시선을 의식하는 것은 버릇일지도 모릅니다.

이십 대 젊음을 자각하는 행동일지도 모릅니다.

버스를 타거나 커피전문점에 들어가더라도 나의 이러한 의식은 가장 먼저 작용하게 됩니다.

누군가가 나를 향해 시선을 줄 때처럼 난처하고 부담스러운 일은 없을 겁니다. 그 시선이 결코 호의적이라고 볼 수 없기 때문입니다. 그 시선을 묵살해 버리면 그만일 텐데 묵살해 버리지 못하고 몇 번이고 뒤돌아보는 것은, 혹 나의 부끄러운 모습이 발각되지 않을까? 하는 연유에서입니다.

거추장스러워 보이지 않기 위해서 될수록 행동을 조심스럽게 하지만, 그 이유 없는 시선만큼 날카로운 표정은 없습니다. 그 표정에는 하나하나의 몸짓이 서슴없이 기록되기 때문입니다.

그 시선을 외면하기 위해선 자리를 피하는 것이 상책입니다.

그 시선을 향해 정면으로 응시할 이유는 없기 때문입니다.

그 누군가의 눈치를 살피는 것도 아닙니다. 나 자신도 모르게 의식할 뿐입니다.

다시 한번 나의 모습을 들추어 보면 문제 될 소지는 손톱만큼도 없습니다. 그러나 이유 없는 시선이 느껴지는 것은 썩 기분 좋은 일은 아닙니다.

그 시선을 의식하는 내가 더 이상하게 느껴지는 것은 무엇 때문일까요? 그 달갑지 않은 시선에서 벗어나고 싶습니다. 시선이 존재하지 않는, 설사 존재하더라도 부담스럽지 않은 그러한 곳에서 나를 다시 바라보고 싶습니다.

거추장스럽게 의식할 필요는 없습니다. 알면서도 내 발걸음에 시선이 집중되는 것은 여간 곤욕스러운 일이 아닙니다.그렇지만 그러한 시선을 언제까지 의식할 수는 없습니다.

그 시선 앞으로 나서야 함을 알고 있습니다. 당당하게 마주볼 수 있었으면 좋겠습니다. 하지만 아직은 아닙니다. 빠르지도, 그렇다고 급하지도 않게 흐르는 움직임이었으면 좋겠습니다.

나의 시선이 이제 꿈틀거리고 있습니다. 그리고 무덤덤하게 흐르기 시작합니다. 그것은 나름 나를 내세우는 또 다른 방법이기도 합니다.

나의 의식이 다시 깨어나기 시작합니다.

겸연쩍을 이유는 애초부터 없었습니다. 단지 자신을 바라보고, 자신을 되돌아볼 줄 아는 것이 필요했을 뿐입니다. 그냥 멋쩍게 웃어버리면 그만입니다. 그렇다고 서둘러 나를 내세우려는 조급해할 이유는 없습니다.

경솔함은 자신을 깎아내리는 일입니다.

한 남자가 있습니다.

산림욕장 한쪽에 희미하게 놓여 있는 벤치. 그 위에는 낙엽이 바람에 흩날리려다가 충동적으로 한 남자와 함께 버무려집니다.

남자의 시선은 가을 하늘의 티 없이 맑고 아득한 평온을 향해 날갯짓하고 있습니다.

입에서는 아무나 따라 부를 수 있는 멜로디의 휘파람이 자연스럽게 흘러나옵니다. 가을바람은 그에게 애교를 부리듯 가느다란 눈썹을 간질이고 도망칩니다. 이내 다시 돌아와 그의 마음을 뒤흔들어 놓기도 합니다. 은빛 태양은 그에게 다정한 미소를 다가섭니다.

그는 그 평온한 가을의 한때를 즐길 줄 압니다. 나름의 행복을 꿈꾸고 시간을 아낌없이 쓸 줄 아는 사람입니다. 그는 자연과 거리를 두지 않고 자신을 소중히 대합니다.

어쨌든 그는 바람둥이가 아닌 낭만적인 사람입니다. 영화나 드라마를 보면서 눈물 한가득 흘릴 수 있는 감성이 충만한 그런 사람입니다.

그는 자신만의 상념에 잠겨 어느 가수의 가창력 있는 노래 솜씨를 흉내 내고 있는지도 모릅니다. 스스럼없이 드럼 앞에 앉아 몇 가지 필인 만으로도 리듬을 타며 자유자재로 즉흥연주에 심취할 줄 아는 흥이 많은 사람입니다.

그는 참! 멋진 사람입니다. 무엇이든 다재다능한 사람이며 히어로처럼 불쑥 나타났다가 아무 대가도 바라지 않고 한순간 홀쩍 사라지고 마는 사람입니다.

고독의 깊은 뜻을 음미하던 그는, 자신과의 숙명적인 싸움에서 벗어나 잠시 자신의 목마름을 적시고 있습니다. 잠시 메마른 자신의 감정을 우물가 한쪽에 자리 잡고 앉아 여유롭게 채우는지도 모릅니다.

앞으로도 많은 날을 걸어가야 하는 자신을 위해 그는 순간순간 휴식을 취하고 있습니다. 사색과 휴식을 취하며 낙오되지 않기 위해 노력하는 것입니다.

그는 누구보다도 자신에게 충실한 사람이며 책임 있는 사람입니다. 자신이 있어야 할 자리를 외면하거나 도망치는 사람이 아닙니다.

떠나야 할 시간이 온다면, 그도 여지없이 자리에서 일어나 그만의 삶을 향해 최선을 다해 달려갈 겁니다.

그는 잠시의 휴식으로 자신을 일으켜 세우는 중입니다. 바쁜 길을 재촉하면 할수록 빨리 지치고 쉽게 포기하게 될 뿐이라는 것을 알고 있기 때문입니다.

훗날 자기 모습을 되돌아보았을 때, 그는 후회스러운 모습을 발견하고 싶지 않아 합니다. 그래서 지금, 이 순간 자신에게 좀 더 많은 시간을 배려하고 있습니다. 후회하지 않을 자기 모습에 만족하는 것이 옳다는 것을 그는 압니다.

그것이 흐름의 이치입니다.

그 느낌이 그를 이끌고 있다는 것을 당신은 부정해서는 안 됩니다. 세상의 모든 이들은 한순간 히어로가 될 수 있습니다. 당신은 그의 나섬을 비꼬려 하겠지만 그것은 세상을 바라보는 시각에 대한 오류입니다. 당신의 관점이 올바르지 않다는 것을 빨리 깨달아야 합니다.

흐름을 망각하지 않고 받아들이는 것이 견딜 수 있음의 시작이 되는 것입니다. 그는 시간과 호감을 느낄 줄 알고 있습니다. 그만큼 자신에게 소홀하지 않다는 증거입니다.

그는 또 함께 걷기를 좋아합니다.

그는 욕심내지 않습니다. 많은 것을 바라지 않습니다. 소탈함이 그를 존재할 수 있게 하는 원동력입니다. 그만큼 그의 발걸음은 누가 뭐래도 가볍습니다.

그 길을 걸으면서

틀에 박힌 것은 싫습니다. 그래서 어디를 가든 사람들이 많은 곳에 가면 절로 부담감을 느껴 뒷걸음질 치기를 반복합니다.

식사하더라도 맛집이라는 표현이 과하지 않은 곳이 좋습니다. 웨이팅 하지 않아도 되고 또 혼자서도 누구의 시선을 의식할 필요가 없는 곳이 좋습니다. 그런 집을 자주 찾게 됩니다.

맛집이라고 소문만 무성한 곳은 싫습니다. 막상 가면 웨이팅하고 기다려야 하는 것이 익숙지 않기 때문입니다. 그리고 그 시간이 만만치 않기 때문에 애써 피할 때도 있습니다. 그래도 어쩔 수 없이 기다려야 한다면 조바심 내지는 않습니다.

음식점 안으로 들어가 주문하고 또 기다리는 시간까지는 나름의 미학을 느끼기도 합니다.

막상 주문한 음식이 나오고 그것을 맛보았을 때, 아니 그 전 접시에 멋지게 플레이팅 되어 나온 음식을 보면 저절로 핸드폰을 꺼내 사진을 찍게 됩니다.

정작 맛을 보지 않았는데도 맛에 기대가 되고 또 눈 호강을 하게 되지만, 맛을 보았을 때 절로 고개를 젓게 되는 것은 맛의 미학이 아닙니다. 분위기에 취해 잠깐 입맛이 돌기는 하겠지만 미각의 허름한 느낌을 받고서 후회하게 됩니다. 원하지도 바라지도 않았던 맛에 실망하게 되지만 내색할 필요는 없습니다.

그저 맨숭맨숭한 기운으로, 맛보다는 조명과 플레이팅에 속은 것에 기분이 싸늘해집니다. 맛보다는 SNS에 올리기 위한 일종의 자기만족이 맛을 좌우하는 것은 싫습니다. 그러나 사람마다 입맛이 다르기에 그들이 옳지 않다고 말할 수는 없습니다. 내 입맛이 까다로운 것을 남의 탓으로 돌리는 것은 옳지 않다고 봅니다.

나는 수수함이 좋습니다.
나는 꾸미지 않음이 좋습니다.
나는 식재료 그대로의 풍미가 좋습니다.

그래서 따지지 않습니다. 그 집이 허름하거나, 모던하거나 나름의 맛을 간직하고 있기 때문입니다. 또 나는 오래된 여력을 지니고 있는 집을 좋아하지만, 그렇다고 음식에 욕심이 없거나 노력하지 않는 지저분한 집은 싫어합니다. 말하자면 게으른 곳은 음식 맛이 좋다고 해도 가지 않는 편입니다.

먼지가 쌓인 곳에서, 그 먼지와 음식을 먹으면 쓰레기를 먹는 것이나 다름없다는 말입니다. 요즘은 그런 집이 거의 없지만 탁자에 손을 댔을 때 기름때로 끈적거린다거나 묵은 냄새가 난다면 다시는 가지 않습니다. 제아무리 맛있어도 입맛이 당기지 않기 때문입니다.

맛집의 조건을 따지려는 것은 아닙니다.

음식을 만들지 말아야 할 사람이 음식을 만드는 것은 옳지 않습니다. 호객행위와 상술로 손님을 무시하는 것은 얼마 가지 않아 바로 들통나게 될 겁니다. 쓰지 말아야 할 세제로 대충 세척을 하고 그것도 모자라 식재료까지 속이는 것은 용납할 수 없습니다. 거짓으로 포장된 맛은 깊은 맛보다는 가벼운 맛을 동반합니다. 음식에 대한 장난은 먹는 사람에 대한 모욕입니다.

일부의 몇몇 음식점은 장사가 예전 같지 않다며 원가를 더 줄이려 합니다. 식객이 모를 거라는 생각은 그저 자기 위안일 뿐입니다. 그걸 누구보다 더 잘 아는 것이 식객입니다. 그래서 그러한 곳들은 저절로 도태됩니다. 알면서도 스스로 무덤을 파는 이유를 모르겠습니다.

나는 오늘도 맛의 미학을 찾아 나섭니다. 누군가는 맛집인 것을 알면서도 꼭꼭 숨겨두는 곳이 있다고 합니다. 나는 그런 곳을 사냥합니다.

그냥 편하게 가서 사랑이 듬뿍 담긴 손맛을 느낄 수 있는 것은 삶의 또 다른 행복입니다. 예전부터 다니던 집이라고 해도 음식 맛이 달라지면 그곳에 미련을 두지는 않습니다.
어떻게 된 거죠? 왜 이렇게 된 겁니까?

그런 말은 사치입니다.

준비가 되지 않았다면 문을 열지 말았어야 합니다. 잘못된 음식은 차라리 버리는 것이 나았을 겁니다. 올바르지 않은 판단은 그동안의 신뢰를 일순간 무너뜨리고 맙니다. 아쉬우면 되돌아올 거라는 생각은 어림도 없는 무지입니다. 어디에서 그런 자만심과 억측이 쏟아져 나왔는지는 모르겠지만 이미 떠나간 발걸음은 되돌아오지 않습니다.

나는 당신에게 그런 사람이 되고 싶습니다. 언제까지나 변치 않는 사랑의 달콤한 맛을, 소소한 그 맛을 느끼게 해 주고 싶은 겁니다. 그러나 그것은 나의, 나만의 욕심이며 바람일 뿐입니다.

사랑의 조미료는 솔직히 없습니다. 있는 그대로 보여주면 그만이라고 생각합니다. 조금의 거짓이나, 꾸밈이 있다면 진심이 통하지 않을 거라는 것을 알고 있습니다.

간장, 된장, 설탕, 소금을 애써 포장하고 싶지는 않습니다.

당신에게 있는 그대로 오감을 만족시켜 줄 수는 있습니다. 그 본연의 감각으로 말입니다.

입맛이 없을 때 찬물에 밥을 말아 거리낌 없이 당신 앞에 내놓겠습니다. 아주 단순하지만, 물과 밥만으로도 조합을 이룰 수 있다고 생각하기 때문입니다. 그렇게 꾸밈없는 나름의 상생을 꿈꾸어 봅니다. 그렇게 당신과 내가 어우러졌을 때 우린 사랑을 할 수 있고 또 서로 없어서는 안 되는 하나를 이룰 수 있을 겁니다.

기다려 보세요. 내가 당신을 향한 얼마나 훌륭한 셰프가 되어가는지. 나는 당신이 찾았던, 그 오랜 세월 기다려 왔던 셰프라는 것을 보여줄 자신이 있습니다. 나는 당신과 함께 할 수 있는 보금자리를 만들고 싶은 겁니다. 그러나 당신이 싫다면 그만입니다.

나를 자세히 보라는 말은 아닙니다. 어렵게 찾아다니지 않아도 당신의 가까이에 아주 솔직한 사랑의 맛집이 있다는 것을 알려주고 싶은 겁니다. 그것은 당신의 선택이 있어야 합니다. 그리고 나는 그런 당신에 대한 마음을 오래전부터 간직하고 있었습니다. 하지만 강요할 수는 없습니다.

나는 아주 익숙한 맛집을 준비하고 있습니다.

아무리 찾아 다녀도 내가 생각하는 맛집은 찾을 수 없었지만, 분명 어딘가에는 아직도 명맥을 잇고 있는 몇백 년의 정성이 깃든 맛집이 있을 겁니다. 하지만 애써 그런 집을 찾아다니지는 않을 겁니다. 찾아 다녀도 쉽게 찾을 수 없음을 알기 때문입니다.

그래서 스스로 만들기로 한 겁니다. 그런 집을 찾아다니며 시간을 낭비하느니 오늘부터라도 그런 집을 만들어 시간을 쌓아갈 생각인 겁니다. 그러면 아마도 몇십 년의 시간은 아낄 수 있을 테니까요.

당신도 애써 찾아다니다가 허송세월하지 않았으면 좋겠습니다. 여기 내가 있기 때문입니다. 당신을 아직 만나지는 못했지만 나 여기 있고, 당신이 거기 있기에 우리 언젠가는 만날 수 있을 거로 생각합니다.

인터넷 검색을 하지 않아도, 애써 찾아다니지 않아도 당신은 나를 쉽게 찾을 수 있을 겁니다. 내가 여기 있기 때문입니다. 우리는 인연이기 때문입니다.

당신은 아주 멋진 사랑의 맛집을 찾을 수 있을 거고 나는 당신을 향한 믿음직한 존재가 될 수 있을 겁니다. 그렇게 우리의 만남은 예정되어 있을 겁니다. 나는 그렇게 당신 곁에서 오랜 시간 기다리고 있었습니다.

나 역시 당신이 누군지는 모릅니다. 다만 아주 가까이에서 기다리고 있다는 것은 알고 있습니다. 그리고 나는 설렘과 그리움으로 가득합니다.

어떻게 하면 좋을까요?

얼마나 더 걸려야 할지 모르겠지만, 나는 지치지 않을 겁니다. 당신이 나의 맛집에 호감을 느끼게 된다는 것을 알고 있기 때문입니다.

600년이 됐든, 아니 1000년이 됐던 시간이 중요한 것은 아닙니다. 우린 그 기나긴 시간이 흘러 오늘이라도 만날 수 있기 때문입니다. 당신이 과거 나의 악연이라도 나는 당신을 받아들일 준비가 되어 있습니다. 과거에 연연할 필요는 없기 때문입니다.

나 당신에게 맛있는 식사를 준비해 주고 싶습니다. 찬이 간장과 된장뿐이라도 걱정하지 말고 오세요. 들과 산으로 나가면 당신이 좋아할 만한 식재료들은 넘치고 남으니까요.

당신이 준비해야 할 것은 그 아무것도 없습니다. 당신은 그저 식객이 되어 주세요. 입맛 까다로운 식객이라도 사절하지 않겠습니다. 내 정성과 사랑으로 만든 산나물비빔밥이면 당신은 왔던 길을 되돌아가지는 않을 겁니다.

나는 스쳐가는 사랑보다는 묵은 사랑이 되고 싶은데 당신은 어떤가요? 천천히 걸어오면서 생각하세요. 절대 뛰면 안 됩니다. 혹시나 오시다가 넘어지면 내 마음이 편하지 않을 테니까요.

당신은 식객이 되어 내 변함없는 사랑의 맛을 스스럼없이 즐기면 됩니다. 나는 이미 그 오래전의 당신이기 때문입니다. 그렇다고 운명이니 인연이니 악연 따위는 조미료로 쓸 생각은 없습니다.

당신 그 자체면 됩니다.

당신의 만족스러운 속삭임이면 그만입니다. 그다지 부담 가질 필요는 없습니다. 나는 웨이팅을 싫어합니다. 나는 당신만을 위한 셰프이기 때문입니다. 사랑에 대한 당신의 편견도 소중하게 요리해 줄 수 있는 셰프입니다. 그렇다고 당신을 보채고 싶지는 않습니다.

천천히 오세요. 천천히!
길만 잃지 말고 오세요!

당신에게 이정표를 보여 줄 생각은 없습니다. 인연이라면 우린 언젠가 아주 우연히 만날 수 있기 때문입니다. 나는 그렇게 당신에게 강요하고 싶지 않은 겁니다.

걷다가 지치면 잠시 쉬었다가 오세요. 우리의 만남은 이미 시간 위에 존재하기 때문입니다. 나는 그렇게 당신을 기다리겠습니다. 내가 기다리고 있기에 당신은 분명히 올 거라는 것을 나는 알고 있습니다.

나는 시간을 보채고 싶지 않습니다.
나는 이 길을 걸어오면서 항상 그렇게 생각했습니다.

더 이상 너에게 나는

당신에게 자존심을 내세운 것은 분명 나의 잘못입니다.

우리의 사랑이 무참히 깨져 버린 것 또한 나의 잘못입니다. 그러나 이제 와서 누구의 잘잘못을 탓하는 것은 서로의 가슴만 애절하고 서글프게 만들 뿐입니다. 이제 와서 그러한 것들은 그저 허물입니다.

내 무슨 말을 당신에게 전하겠습니까? 그 어떠한 말이라도 서로의 허물어진 벽을 복구할 수 없습니다. 그것도 많은 시간이 지난 지금의 시점에선 더더욱 불가능한 일임이 분명합니다. 알면서도 이렇게 가슴이 타는 것은 무엇 때문인지 모르겠습니다.

불신의 늪으로 허물어져 버린 성벽과 탑은 이미 기억 속에 생각하고 싶지 않은 일들로 밀랍 봉인되었습니다. 그것을 구태여 열어야 할 필요는 없습니다. 애써 판도라의 상자라고 단정 지을 필요도 없습니다.

우리의 사랑이 이루어질 수 없음은 현실로 정확히 구분되어 있습니다. 그러나 애써 외면해야 할 이유는 없습니다. 먼발치로부터 마음을 다지며 쌀쌀하게 변해야 할 이유는 없습니다. 꼭 그래야 한다면 우리 사랑의 마지막 남은 한 가닥까지도 부정하는 것입니다.

서로를 원수로 간주하여야 할 이유가 이루어지지 못한 사랑 때문이라면 그것은 정작 자신을 비관하는 처사일 뿐입니다. 서로를 진정으로 사랑하였기 때문이라면 상대가 더욱 행복하길 간절히 원해야 하는 것입니다.

당신은 한순간 나의 일부분이었습니다. 나 또한 당신의 일부분에 해당되어 있었습니다. 그러한 서로를 그리워했을 것은 당연한 일입니다. 그러하면서도 겉으로는 아닌 양 거짓된 표정을 만들어 내는 당신의 마음 이해합니다. 나 또한 그러하니까요.

그 누구보다 더 당신을 이해해야 하는 것은 나의 의무일 것입니다. 서로 어색함을 뒤로한 채 못 본 척 돌아서는 기분은 허무하게 여겨질 것이며 다른 한쪽으로 매우 서글프게 느껴질 것입니다.

나는 당신에게 이제 더 이상 자존심을 내세울 이유는 없습니다. 아직도 당신에게 내세울 자존심이 있다면 그것은 나를 비난하는 일이며 당신을 외면하는 일입니다. 그래서 나는 당신을 존중해야 합니다.

서글픈 일이고 가슴 아픈 일입니다.

사랑할 때는 서로 간직하고 싶은 소중한 일들만 골라 하려 했었는데. 이별하는 순간 전혀 생소한 남으로 부담스럽게 여겨지는 것은 모순된 일이 아닌가 하는 생각을 하게 됩니다.

하지만 이제는 지난 일입니다만 서로에게 보여주었던 사랑을 가슴속 깊이 간직하며 감추려 하기 때문이 아닌가 합니다.

사랑의 실패로 인한 자책은 싫습니다. 그때로 되돌아갈 수 있다면 나는 서슴없이 이러한 말을 당신에게 해 주고 싶습니다.

"자존심은 결코 효과적이지 못해."

어느 곳에서 우리 우연히 만나게 된다면 그때 무슨 말을 하겠습니까? 어떠한 표정으로 서로를 위로하고 바라볼 수 있겠습니까?

중년의 모습으로 젊음의 한때를 그리워하며 한 번쯤 가벼운 웃음 정도로 내색할 수 있을까요? 커피 한 잔 그윽하게 마시며 몇 마디 물음 정도는 짧게 나눌 수 있겠지요. 그러나 강요하지는 않겠습니다. 당신이 거북하다면 옛일을 기억하고 싶지 않다면 당신의 특유한 표정으로 신호를 보내세요.

그러면 모른 채 당신을 스쳐 지나치겠습니다. 그것마저도 싫다면 그냥 무뚝뚝한 표정이면 됩니다.

당신을 괴롭히고 싶지는 않습니다. 서로를 비약하고 싶은 마음은 추호도 없습니다. 어쩌면 내 쪽에서 먼저 거북해 할 수도 있습니다. 이제 미련을 남길 이유가 없기 때문입니다.

아무 일도 없었던 것처럼 그냥 스쳐 가면 그만입니다. 그렇다고 나는 당신을 원망하지는 않을 겁니다. 어찌 보면 당연한 것에 의미를 두고 싶지 않기 때문입니다.

불행한 시간을 되돌려서 무엇하겠습니까? 시간이 흐른 어느 즈음에는 즐거웠던 한순간의 추억으로 생각하고 있을지도 모르는 일입니다. 그러면 되는 겁니다.

젊음의 시간 속에서 덜 성숙한 생각으로 서로를 오해했던 자신이 순수하고 귀엽게 여겨질지도 모르는 일입니다. 그렇게 우리는 흐름 속에서 다시 만났다가 사라질 겁니다.

그러나 그 만남은 아주 우연한 만남이어야 합니다. 그 만남이 계획된 만남이 된다면 우리는 불행한 상황으로 서로를 내밀지도 있습니다.

서로의 행복한 모습과 현실에 위안을 가질 수 있기 위해선 우연이라는 단어가 적격입니다. 미련은 간직하는 것이지 욕심내서는 안 되는 것입니다. 특히 사랑이 그렇습니다.

더 이상 상대에게 할 말이 없음을 알면서도 분위기에 도취하여 예전의 마음을 꺼내게 될지도 모릅니다. 그러나 설렘을 가장하는 것은 한순간의 호기심에 지나지 않습니다.

이렇게 훗날의 상황을 짐작하는 것은 당신의 행복을 기원하기 때문입니다. 아니, 나의 미련을 접어두기 위해서입니다. 때론 언젠가 그 기억을 꺼내 되돌아볼 수 있을지도 모르겠습니다. 바보 같은 일이지만 말입니다.

예전의 일들은 물론 걸어온 시간의 굴레에 온전히 남아 있어야 합니다. 돌이켜 복잡하게 얽힌 실타래가 되어서는 안 됩니다.

나는 당신과의 이별 후 훨씬 성숙한 모습으로 잠시 나만의 시간을 만들고 있습니다. 당신의 도움으로 성숙한 나를 느끼고 있다고 말해도 과언이 아닙니다.

다시는 사랑의 실연을 범하지 않기 위해 나만의 숲에서 명상을 즐기고 있습니다. 당신이 나에게 바라는 생각만큼 당신을 실망하게 하지 않기 위해 노력하고 있는 것입니다.

우리 불행하지 않은 각자의 길을 걸어가요. 그리고 훗날 우리 우연히 만나면 서로에게 환한 웃음 정도는 자연스럽게 내보일 수 있는 너그러움을 지니도록 노력해요.

후회는 하지 말아요.

잠시 잊음은 있어도 삭제하지는 말도록 합시다.

왜 당신은 일방적으로 생각하는 겁니까.

당신이 그렇게 무시하고 싶다면 그러세요. 그러나 앞으로 벌어질 일들에 대해서는 책임을 감수해야 할 겁니다. 물론 지금 당신이 그에게 강요하는 것은 집착이 아니지만 머지않아 당신은 상대를 옥죄고 있다는 것을 느끼게 될 겁니다. 그것이 당신의 본모습입니다.

당신의 보기 좋은 모습만 보아오던 그가 당신의 그런 실망스러운 모습을 접하게 된다면 그는 뒤도 돌아보지 않고 도망가 버리고 말 겁니다.

물론 그에게도 잘못은 있습니다.

당신이 일방적으로 생각하게 된 상황을 예측하지 못하고 못 본 척 방관했기 때문입니다. 그가 훨씬 이전에 당신을 이해시켜 주고, 설득해 주었더라면 이러한 안타까운 상황으로 전개되지 않았을 것이 분명하기 때문입니다.

누구의 잘못을 탓하기 이전에 어긋난 감정들을 먼저 수습하는 것이 올바른 일일 것입니다.

스스로 반성하여야 합니다.

돌이킬 수 없는 상황으로 와전되기 이전에 그가 당신의 입장에서, 혹은 당신이 그의 입장에서 되돌아 생각해 보아야 할 문제입니다. 그 후 자신들의 입장을 분명히 하여도 늦지는 않을 겁니다.

한순간의 실수로 인하여 삶을 엉망으로 만들고 싶어 하는 사람은 없을 겁니다. 마음을 닫으려고만 하지 마세요. 상대의 입장도 생각해 주세요.

많은 대화로 아직은 수습할 수 있습니다. 그렇게 늦지 않은 상황임에도 자신을 자꾸만 감춘다면 더는 돌이킬 수 없어집니다.

잠시 여유 있는 마음 자세로 복잡한 일들은 모두 떨쳐버리고 자신과 상대를 생각해 보는 겁니다. 모든 것을 내려놓고 상대의 입장에서 자신을 바라보는 겁니다.

그와의 첫 만남을 떠올리고 그가 즐겨 하는 말과, 즐겨 입는 옷을 생각하는 겁니다. 그리고 그의 버릇 하나쯤을 생각해 보세요. 그의 머리 스타일과 그의 꼼꼼한 행동들에 대해 생각해 보세요. 상대가 보여 준 사소한 것들을 부담스럽게 여기지 말고 차근차근 되돌아보는 겁니다.

그러다 보면 자기 모습도 보일 겁니다. 너무 나 자신만을 내세웠던 것은 아닐까? 어디에서부터 잘못된 것일까?

이제 조금은 차분해졌을 겁니다. 자 이제부터 지금의 안 좋은 상황으로 치닫게 된 원인을 규명해 보는 겁니다. 과연 상대의 모든 잘못이라고 단정할 수 있습니까?

당신은 그 순간 상대의 모습에서 당신 자신을 발견할 수 있을 겁니다. 또한 헤어짐을 누구의 잘못으로 전가할 수 없다는 것을 깨달았을 겁니다.

그러나 아직도 당신이 그러한 것을 느낄 수 없다면 그것은 그가 당신 곁에 머물러 있어야 할 사람이 아니기 때문입니다. 더 이상 어떠한 말을 할 수 있겠습니까?

굳이 당신에게 이해 시켜야 할 이유는 없다고 봅니다. 애써 상대를 끌어안아야 할 이유 또한 없습니다. 이것도 저것도 아니라면 그냥 그대로 받아들일 수밖에는 없습니다.

이제는 자신을 내세울 때가 아닙니다.

혼자이고 싶을 때는

지금, 이 순간 혼자가 되는 것을 꿈꾸어 봅니다.

아무도 존재하지 않는 무인도에 적당한 염분이 섞인 바닷바람을 호흡하며 소나무 그늘에 앉아 있는 나. 걱정거리 하나 없는 아늑한 표정으로 허공을 내달리는 갈매기의 한없이 자유로운 날갯짓을 짐작하며 좀 더 여유로운 생각을 해봅니다. 그러나 억지스러워서는 안 됩니다.

잠시 휴식을 취할 수 있는 달콤함을 얼굴에 그윽하게 담고 내가 아닌 좀 더 차분한 나의 모습을 생각해야 합니다.

도심의 비좁은 담벼락을 타고 자라나는 장미의 소심함보다, 자연 속에서 거칠게 자라나는 들장미의 상큼하고 촉촉한 나름의 마음을 상상합니다. 나는 둘 중에 어디에 속할까?

메마른 도시, 때로는 삭막하고 어둡게만 보이는 그 공간에서 나는 어느 정도의 지분을 확보하고 있는가를 생각해 봅니다. 그러다 보면 나에게 너무도 비좁은 설 자리를 준비하고 있는 것 같습니다.

지금, 이 순간 나의 존재 의미는 무엇일까?

혼자라는 것은 어쩌면 회피일 수도 있지만 자신에 대해 되돌아보는 순간이기도 합니다. 존재의 의미이니, 어느 정도의 지분이니 하는 것은 어쩌면 모두 쓸데없는 생각들일지도 모릅니다. 다만 메마르게 존재하는 나의 모습이 아니기 만을 바랄 뿐입니다.

그 메마름을 치유할 수 있는 것은 나를 되돌아보는 것입니다. 자연과 함께 호흡하는 나를, 자연과 하나가 될 수 있는 나를 느끼는 것입니다.

그래서 나는 지금 나를 향해 비아냥거리고 있는 것인지도 모르겠습니다. 먼 곳에서, 그저 바라만 보며 갈 수 없는 곳이라고 단정해 버리는 나를 보면 알 수 있습니다. 충분히 다가갈 수 있는 거리인데도 포기하고 마는 나는 알맹이가 없는 쭉정이에 불과할지도 모르겠습니다.

하지만 나는 외로움 속에서 잠시 혼자가 되고 싶습니다. 그러나 오랜 시간 동안 혼자인 것은 싫습니다. 혼자가 되고 싶은 시간, 나의 모습을 되돌아 바라볼 수 있는 짧으면서도 긴, 길면서도 짧은 그러한 시간을 갖고 싶은 것입니다.

내 존재가 소중하게 여겨지는 시간을 갖고 싶습니다.
좀 더 나에게 솔직해져 봅니다.

나를 감추기보다는 시간에 속박당해 초라해진 나의 모습에서 벗어나는 것. 베짱이의 시간을 나는 탐냅니다. 그렇게 되려면 많은 것을 잃거나 얻어야 할 것이지만 내게는 아직 그러한 여유가 없다는 것을 압니다.

지금은 나를 훼방할 존재는 아무도 없습니다. 스스로 담벼락을 높게 쌓았기 때문이며, 나의 모습에서 나 아닌 또 다른 내가 존재하고 있기 때문입니다.

혼자가 되고 싶다면 충분히 혼자가 될 수 있습니다. 하지만 그것은 자신의 배려에서 스스로 성립되어야 합니다. 좀 더 자신을 솔직하게 판단하기 위해서는 잠시 혼자가 되는 것도 좋을 겁니다.

다시 알람 소리에 깨어나는 시간은 잠시 미루어 두어도 좋습니다. 혼자가 되고 싶을 때는 뭐든 감수해야 합니다. 그러지 않고서는 혼자임에 대한 의미는 상실될 것이며 스스로 나태해질 뿐입니다.

이제 혼자가 될 준비가 되었습니다.

항상 나의 곁에서, 사랑의 진정한 모습만을 보여주던 그대의 곁을 벗어나 누군가에게 그러한 사랑을 되새겨 줄 수 있는 용기를 지니겠습니다.

누군가의 손짓이 있기 이전에 먼저 손짓하고 마음을 열어 보일 수 있는 사람이 되려 합니다. 그대가 일깨워 주었던 그 참된 모습을 이제 나 아닌 다른 사람에게 베풀 수 있는 사람이어야 합니다.

다정한 모습으로 언제나 웃음 가득한 소박한 의미를 지니겠습니다. 그 의미가 절대 헛되지 않음을, 그대의 사랑이 헛된 사랑이 아니었음을 보여주겠습니다.

그 길이 힘들고 고된 길이라 할지라도 좌절하지 않으며 굳건하게 버텨 나가겠습니다. 스스로 초라해지거나 용기를 잃지 않겠습니다. 멀리서 바라보고 있을 그대를 위해서라도 포기할 수 없는 일입니다.

내가 포기하지 않는 것은 그대를 위해서라기보다는 내 자신을 위해서라는 표현이 훨씬 올바른 표현일 겁니다. 그대가 나에게 보여준 크디큰 사랑은 그렇게 쉽게 이루어진 사랑이 아닐 겁니다.

자신을 낮추면서까지 망설이지 않고 사랑을 실천한 그대는 나만큼이나 확신이 있었을 겁니다. 나는 당신의 사랑을 거짓이라고 믿지 않기에 나름의 배움을 느낄 수 있었습니다. 나름의 진실을 느낄 수 있었습니다.

누군가에게 마음을 열어 보일 수 있다는 것은 큰 용기를 지니고 있음입니다. 그 용기는 사랑에서 시작되었다 하여도 과언이 아닐 것입니다.

지금 혼자가 되려는 것은 외로움과 고독으로 가득한 한 존재가 되려는 것이 아니라 자신의 힘으로 사랑을 실현할 수 있는 혼자를 의미하는 것입니다.

그렇다고 해서 내가 지니고 있는 사랑이 누구의 사랑보다 높고 아름답다는 것은 아닙니다. 아직 미흡한 사랑이기는 하지만 그 사랑을 실천함으로써 좀 더 진실하고 소중한 마음을 터득할 수 있을 것 같기 때문입니다.

누군가로부터 사랑을 받길 원하기 이전에 그들에게 먼저 사랑을 보여주고 싶은 마음입니다. 그럴 때 비로소 사랑의 가슴 벅참을 느낄 수 있을 것 같습니다.

어차피 혼자였습니다.

아무도 나를 위해 희생의 대가를 치러 줄 사람은 없습니다. 나를 옹호해 줄 사람 또한 없습니다. 그렇다고 그들에게 사랑을 구걸해야 할 이유 또한 없습니다.

나는 혼자라는 울타리에서 자라나고 있었으면서도 내가 혼자라는 것을 전혀 눈치채지 못하고 앞으로 무작정 나서려고만 했습니다. 오래전부터, 그 오래전부터 나는 혼자였지만 그것이 나에게 인식되지 못한 탓입니다. 나를 위해 최대한의 배려를 할 수 있는 것은 오직 나 자신뿐입니다. 그러하므로 나를 사랑해야 합니다. 자신을 사랑하지 않고서 남을 사랑할 수 있다는 것은 오만과 편견입니다.

자신이 누구를 위해 노력하고 삶을 이끌고 있는지 깨달아야 합니다. 나 자신이 무엇 때문에 그리도 힘겹게 걸어가고 있는지 느껴야 합니다. 자신도 파악하지 못하면서 남을 사랑할 수는 없기 때문입니다.

나에게 주어진 것들에 대한 의미를 되새겨야 합니다. 자신을 돌보지 않는다면 나는 더 이상 나를 내세울 수 없습니다. 내가 왜 이곳에 있는지, 무엇 때문에 인간으로서 그토록 발버둥 치고 있는지 알아야 합니다.

나는 여행자입니다. 이곳에 왔다가 되돌아가는 것은 운명입니다. 그렇기에 한평생 삶의 의미도 없이 사라져 간다면 그 얼마나 허황하고 안타깝겠습니까?

내가 준비한 모든 것들과 나로 인해 만들어진 많은 일들을, 내가 아닌 남과 결부시켜 자신을 회피할 이유는 없습니다. 내가 소중하게 여기는 사람들, 하지만 그들의 존재는 거대한 묶음의 일부에 지나지 않습니다.

나는 그러한 그들의 존재에 묶일 필요는 없다고 봅니다. 그들 또한 나를 결부시키지 않을 것입니다. 그들도 같은 여행자이기 때문입니다. 나의 삶을 즐기면서 이끌 수 있는 것은 오직 나 자신뿐입니다.

내가 있으므로 해서 존재하는 시간은 내 것이 되어야 합니다. 그 일부분인 그들에게는 그들만의 시간이 기다리고 있습니다. 그들은 내가 될 수 없습니다. 나는 내 자신을 이끌기 위해 최선을 다해야 합니다. 내가 지니고 있는 꿈과 소망은 온전히 나의 것일 뿐입니다. 그것을 실현해야 하는 것 역시 나 자신이어야 합니다.

그것은 나를 내세우기 위해서라기보다는 나를 찾기 위해 노력한다는 말이 올바른 표현일 것입니다. 구차한 말들과 자신없는 표정으로 스스로를 낮추어야 할 이유는 없습니다. 그리고 배경을 탓해야 할 이유는 없습니다. 또한 이룰 수 없는 욕구와 바람이라고 생각할 필요도 없습니다. 허상과 허구라는 생각은 떨쳐버려야 합니다. 노력하다 보면 이루어질 수 있기 때문입니다.

스스로 노력은 해보았습니까?

나를 돌이켜 보면 압니다.

남으로 인해 만들어진 기존의 틀과 배경을 탐하는 것은 욕심에 불과할 뿐입니다. 자신을 회피하고 비관하는 비겁한 일은 없어야 합니다.

운명의 그날 주홍빛 아름다움의 물결로 승화되는, 낙조로 황홀하게 물들어 가는 나의 모습을, 후회 없는 만족을 경험하고 싶습니다.

그러지 않고 나의 황혼이 의미 없이 끝나고 만다면 나는 별다른 만족을 느끼지 못할 것입니다. 미련의 슬픔을 마주하게 될 것입니다.

혼자인 것을 알아야 합니다. 정확히 말해 혼자이기 이전에 혼자라는 본질을 깨달아야 합니다. 그럴 때 진정한 내가 될 수 있는 것입니다.

당신도 어디에선가 누군가에게

그도 어느 곳에선가 한 사람을 만나 사랑의 대화를 즐기고 있겠지요. 이제 더 이상 슬프지 않을 사랑을, 최선을 다하여 마음으로 느끼고 있을 겁니다.

네. 고맙습니다.
이제 당신 차례입니다.

한때 슬픔을 간직했던 시간은 허물이 아닌 성숙의 단계였습니다. 지금의 부끄러움 없는 행복을 추구할 수 있는 자세를 만들어 준 것입니다.

슬픔의 시간은 당신에게 충분한 보상을 하게 될 겁니다. 당신의 옆에 잠시나마 안주하고 있던 그도 어디에선가 자신의 보금자리를 찾아 편안히 쉬고 있을 겁니다.

두 사람의 만남은 어린 시절의 한순간 불꽃처럼 타오르던 사랑이었습니다. 하지만 캠프파이어를 하다가 차갑게 식어버리는 불꽃처럼 사그라지는 풋내기 마음이었습니다. 익지 않은 풋사과처럼 맛이 들지 않은 풋풋한 시작이었는지도 모릅니다.

그 시간은 자신이 원하지 않는다고 해서 피할 수 있는 것이 아니었습니다. 원한다고 해서 오는 것 또한 아닌 운명의 시간이었습니다. 그 상처로 해서 두 사람은 사랑의 깊은 내면을 체험할 수 있었으며 파악할 수 있었던 것입니다. 자신들의 삶을 한층 더 부각할 수 있었던 계기였습니다.

자신에게 책임질 수 있는 모습을 비로소 보여준 것입니다. 서툰 사랑의 섣부른 판단은 서로를 괴롭게 만들 뿐이라는 교훈을 배운 것입니다. 그러나 그것만으로 사랑의 모든 것을 파악하고 있다고 자부해서는 안 됩니다.

당신이 깨닫고 있는 것은 사랑이란 거대한 몸짓의 일부분에 지나지 않습니다. 앞으로 배우고 깨달아야 할 사랑의 진실함은 무한하기 때문입니다. 그 크기의 양으로 책정하기에는 어려움이 뒤따르기 때문입니다. 사랑을 양으로 표현한다는 자체는 모순입니다.

사랑의 이치를 깨닫게 되면 그것을 실현하기 위해 큰 노력을 하게 되지만 그것에 금세 싫증과 불만을 느끼게 됩니다. 그러나 그즈음 사랑은 새로운 이치를 제공합니다. 그것을 깨닫게 되는 빈도가 높으면 자기 행복에 만족스러움을 느끼게 됩니다.

서툰 사랑에 대해 눈을 뜨게 되고 시행착오를 경험하며 부족한 자아를 실현하려 노력하게 됩니다. 그로 인하여 자신이 보유하고 있는 모든 것들이 아름답게 느껴지는 것입니다. 한순간의 자책으로 하마터면 잃을 뻔했던 자신의 나약한 모습을 가벼운 웃음으로 모두 지워버릴 수 있어야 합니다.

그가 어디에선가 자신의 반려자를 찾은 것처럼, 반려자의 아늑한 보금자리에서 행복해하고 있을 그를 생각하면 당신 또한 사랑의 대화를 주저할 필요가 없습니다. 가슴속에 숨기고 있는 그 정열을 한껏 과시해 보세요.

어느 누구도 당신의 열정을 막을 사람은 없습니다. 가슴 활짝 열고 사랑을 받아들여 보세요. 하지만 그 사랑에 욕심을 부리지는 마세요.

사랑은 평범하면서도 무겁게, 가벼우면서도 가슴 벅차게 다가오는 것입니다. 사랑을 가볍게 생각하지 마세요. 사랑은 마음으로 다가서는 것입니다. 절대 가벼이 넘겨서는 안 됩니다. 사랑은 그 누군가에게 소중함으로 다가서는 겁니다. 그렇기 때문에 사랑은 스스로 만드는 겁니다.

그가 누군가의 소중한 사람이 된 것처럼 당신도 누군가의 소중한 사람이 될 수 있습니다. 그렇게 사랑은 배워가는 것이고 온몸으로 느끼는 겁니다.

그도 어디에선가 누군가의 소중한 사람인 것처럼 당신도 충분히 그 누군가의 가슴에 짜릿함을 안겨줄 소중한 사람이 될 수 있는 겁니다.

사랑은 마음으로 느끼는 것이기 이전에 스스로 받아들이는 겁니다.

준비됐나요?

그럼 아낌없이 당신을 보여주고 받아들이세요. 당신은 그만큼 충분히 자신을 사랑하는 사람이기 때문입니다.

사랑의 실패는 결코 죄가 될 수 없습니다. 또한 허물이 될 수도 없으며 부끄러워할 일도 아닙니다. 그저 스쳐 지나가는 운명이었던 겁니다.

주위 사람들이 손가락질하고 뒤에서 수군거린다면 그것은 그 사람들이 올바르지 못한 관점을 가지고 있는 것입니다.

사랑의 실패를 나쁘게 인식해서는 안 됩니다. 사랑을 보는 시각은 사람마다 다르기 때문입니다. 그 다름이 마음에 들지 않는다고 탓하는 그 자신들에게 문제가 있는 것입니다.

사랑은 누구의 소유도 아니며 소유할 수도 없는 경이로움과 청아함을 지니고 있습니다. 동시에 맑고 순수함을 지니고 있습니다. 사랑의 실체는 누구 한 사람의 욕심으로 이루어질 수 없습니다. 또한 주위에서 그것을 부추겨서도 안 됩니다. 주위에서 책임질 수 없는 이간질은 하지 마십시오. 또한 그러한 이간질로 흔들리지 마세요. 그것은 귀 기울일 가치도 없는 것입니다.

서로의 이상과 다른 견해 때문에 싸울 수도 있고 심지어는 그것이 이별로 연결될 수도 있는 것입니다. 함부로 끼어들어서 그 사랑을 혼내는 그들의 잘못됨을 옳다고 받아들일 이유는 없습니다.

사랑을 실현하지 못했다고 해서 주위 사람들이 왈가왈부하는 것은 뒷애기 좋아하는 이들의 입방정일 뿐입니다. 그것에 상심할 필요는 없으며 전전긍긍해서는 안 될 것입니다.

상대가 당신을 향해 비아냥거린다고 기죽을 필요는 없습니다. 그 사람의 됨됨이가 올바르지 못한 것을 느꼈을 때 충분히 숙고하고 이별을 고려할 수 있어야 합니다.

사랑은 노력하는 만큼 대가가 주어집니다. 그만큼 영원할 수 있는 것입니다. 그러나 자신을 병약하게 만들어 가면서까지 상대를 이해하고 감싸주려 할 필요는 없습니다. 내 사랑이 아니라면 놓아주는 법도 알아야 합니다. 한곳을 같이 바라보고 걸어갈 사람이 아니라면 상대에 대한 빠른 포기는 오히려 옳은 선택일 겁니다.

미련 때문에 상대를 포기하지 못하고 주위를 기웃거린다면 그것은 사랑이 아니라 동정이며 자신을 방관하는 처사일 뿐입니다. 아직도 사랑을 모르나요? 사랑은 자기 자신을 내세울 수 있을 때 존중되는 겁니다.

일방적으로 해코지해 대는 사람들의 수군거림은 자신들의 입장에서 바라보는 잘못된 시각일 뿐입니다. 당신 자신을 뒤돌아보세요. 그리고 냉철하게 당신의 모습을 바라보는 겁니다. 그러면 어디로 움직여야 할지에 대한 이정표가 선명하게 보일 겁니다. 남의 시선을 신경 쓰지 마세요. 그래야 할 이유도 없지만 그런 사람들의 인식은 받아들이기 이전에 차라리 외면하세요.

그들의 실없는 말에 이끌려 자신을 혐오하거나 죄책감으로 자신을 탓할 타당한 이유는 없습니다. 그들이 그러면 그럴수록 자신을 강하게 내세울 수 있어야 합니다. 그러면 그들도 더 이상 당신에게 입방정을 떨지는 못할 것입니다.

사랑의 실패로 인하여 불이익을 당하는 것은 있을 수 없는 일입니다. 더더군다나 그것을 허물로 단정하고 비꼬아 대는 사람은 인간성이 실추된 사람입니다. 주위에 그런 사람이 있다면 그 사람을 지켜보세요. 그 사람은 사랑에 대한 움직임을 전혀 모르는 사람입니다. 다만 남의 이야기를 즐겨하며 뒷말을 만들어 내는 사람일 뿐입니다.

사랑의 실패를 교훈으로 진정한 사랑을 성취해야 합니다. 다시는 상처를 지니는 일이 없어야 합니다. 당신도 알 겁니다. 하지만 내가 보는 당신은 그렇지 않습니다.

꿋꿋한 자신감과 용기를 잃지 말아야 합니다.

점차 퇴색되어 가고 있는 인스턴트식 풍조에 현혹되지 말고 자기 행동에 책임질 수 있는 그런 사람이 되어야 합니다. 사랑은 자신의 감정에 대한 확고함이 있어야 합니다. 그렇게 앞을 바라보지 못한다면 당신은 또다시 이별과 마주 서야 할 겁니다. 그래서 자신에 대한 느낌이 중요한 겁니다.

잠시 자신을 생각하며 휴식을 취해 보세요.

홀로인 자기 모습을 실감할 수 있어야 하고 자신에 대한 부담감을 없애야 합니다. 여유로울 수 있을 때 속박 없는 사랑의 실체를 깨달아 보는 겁니다. 그러면 자연스럽게 알게 될 겁니다 사랑은 어느 한쪽에 속박되어 끌려다니는 것이 아닙니다. 서로를 의식하며 감싸줄 수 있을 때 진정 소중하게 여겨지는 것입니다.

당신에게는 아무런 하자도 없습니다. 당신이 원하는 사랑은 스스로 책임질 수 있을 때 비로소 이루어지는 것이고 실현되는 것입니다. 욕심을 낼 필요도 자신을 낮출 이유도 없습니다. 흐르는 대로 시간을 받아들이면 그만입니다.

당신의 사랑을 이해하면서도, 그 누구보다 더 잘 알고 있으면서도 당신을 받아들이지 못했던 내 자신이 미울 따름입니다. 나 또한 당신을 사랑하지 않았다고 부인하지는 않겠습니다. 그러나 나에게 주어진 여건과 상황 때문에 당신을 밀어낼 수밖에 없었습니다.

당신에게 더 큰 마음의 상처를 심어 주는 것보다, 그 순간 당신을 떠나보내는 것이 옳다고 판단했기 때문입니다. 그 선택을 후회하지는 않습니다. 이제는 후회해봤자 가슴만 쓰리고 아플 뿐입니다. 미련만 쌓이고 그 미련으로 인해 나약해지는 나를 발견할 뿐이라는 것을 압니다. 그래서 뒤돌아보지 않기로 했습니다.

가끔 일에 지쳐 힘겨워하다가 당신 모습이 눈앞에 아른거릴 때면 나의 모습이 애처롭고 처량해 보입니다. 어떨 때는 나의 그런 모습에 내 자신이 한심스럽기도 합니다.

일을 마치고 포장마차에 들러 술잔을 기울일 때면 더더욱 나를 자책하게 됩니다. 흠뻑 술에 취해 비틀거리며 걸어가면서도 그 모습이 혐오스러울 정도로 싫었습니다.

어디에선가 나를 지켜볼지도 모르는 당신의 시선을 의식하면 그처럼 나약할 수 없다고 생각합니다. 하지만 그것이 뜻대로 이루어지지 않는 것은 어쩌면 나에 대한 자책 때문인지도 모릅니다.

나보다 여건이 좋은 사람을 만나 행복하게 살아가길 기원하면서도 한쪽으로 당신을 떠나보낸 내 자신이 원망스럽게 여겨지는 것은 때늦은 후회일 뿐입니다.

당신을 진실로 사랑하고 있었음입니다. 사랑하면서도 그것을 표현하지 못한 나의 어색하고 진실한 마음을 당신은 모를 겁니다.

나의 마음 이해하지 못하며 원망하였을 당신을 생각하면 그저 안타까울 따름입니다. 당신과의 만남은 아름다운 추억의 한 장면으로 기억 되어 있습니다.

불행한 만남이었다고 생각하기에는 비관하고 자책하는 듯한 느낌이 들고, 행복한 만남이었다고 보기에는 조금은 미약함이 남아 있습니다. 그러나 이루어질 수 없었던 만남이었지만 아름다운 추억의 한 소절로 가끔은 기억 속에서 끄집어낼 수 있는 그러한 사랑이었다고 말하고 싶습니다.

많이 변하여 있을 당신을 생각하면, 많이 변하여 있지 못한 내 자신이 부끄러울 따름입니다.

거리를 지나가다 마주치더라도 서로 알아채지 못하고 지나칠 것만 같은 그리 길지 않으면서 길게만 느껴지는 시간, 어디에선가 사랑 받는 그가 되어 행복한 삶을 살아가고 있을 당신의 모습은 내가 간절히 소망하는 모습이기도 합니다.

당신이 행복한 것은 곧 나의 행복이기도 합니다. 하지만 그러한 당신을 만나게 된다면 나는 못 본 척 지나쳐 갈 겁니다. 스스로 포기한 사랑에 대한 예의입니다. 그러면서도 마음속으로는 기억 속 당신과 함께 했던 한 부분을 끄집어내면서 후회하게 될 겁니다.

당신의 행복한 모습을 부러워하게 될지도 모르겠습니다. 그런 당신 앞에 서 있던 내가 초라하게 느껴질 겁니다. 그래도 이제는 상관없습니다.

나는 나이고 싶어도

나는 내가 되고 싶다.

누구와도 비슷한 영혼이 아니어야 하며 누군가의 구색에 맞게 변해서도 안 되는 그런 내가 되고 싶다. 하지만 내 자신을 무뎌지게 만드는 일상생활, 이 행성에서 나의 존재란 결코 적극적이지도 신중하지도 못하지만 그렇다고 나를 외면할 수는 없다.

아침에 일어나면 잠에 취한 모습 그대로 시간 위를 바동거리며 걸어가겠지만, 여유 있는 시간을 가져보지도 못한 채 눈코 뜰 사이 없는 일과를 호흡해야 하겠지만, 나의 삶은 그저 무의미하고 건조할 수밖에 없을 테지만 나는 그나마 걷는 것만큼은 포기하고 싶지 않다.

지금, 이 행성을 살아가는 나에게서는 그 어떠한 의미도 존재하지 않는다. 점점 퇴색되어 가고 있는 내 자신의 모습을 대책 없이 멍하니 바라볼 뿐이다.

이러한 생활 속에서 책임 있는 나의 모습을 발견하기란 결코 쉬운 일이 아니다. 단 하루도 빠짐없이 행해지는 일들은 그저 시곗바늘과 흡사하게 반복될 뿐이다.

갈수록 야위어 가는 나의 모습에서 즐거움이란 찾아볼 수 없고 추레한 모습만으로 비추어질 뿐이다. 일상의 모든 일들이 정해진 운명이려니 생각하며 도피의 구실만을 만들 뿐이다. 조금의 노력도, 생활의 재충전을 위한 여가선용도 하지 않으면서 회피하려고만 할 뿐이다. 점점 자신에 대해 무책임만을 자행하고 있는 나는 나약할 수밖에 없다.

나에 대한 무책임을 마주하게 될 때면 나의 얼굴은 퇴색되어 가고 또 나 자신을 혐오스러워할 뿐이다. 내가 지니고 있는 용기와 희망과 패기는 갈수록 희미해져 갈 뿐이지만, 그렇다고 나 자신을 내려놓아서는 안 된다.

나 자신을 포기한다면 내가 지니고 있는 그 모든 것을 포기하는 것이기 때문이다.

내가 이 행성에 떨어져 덩그러니 존재하게 된 그 순간을 나는 기억하고 있다. 그러나 이 행성으로 어떻게 왔는지 도대체 내가 누구인지에 대해서는 알아낼 수 없었다. 단지 살아있음에 대한 물음만 가득할 뿐이었다.

어느 순간부터 나는 무뎌진 일상을 걷게 되었고 그 일상을 고스란히 받아들이며 삶이라는 것에 적응해 가야만 했다. 처음에는 나에 관해 묻고 또 되물었다. 그러나 그 어떤 누구도 대답해 주는 사람은 없었고 귀찮다며 고개를 내저을 뿐이었다. 그렇게 이 행성을 살아가는 다른 사람들처럼 나의 존재는 무기력해지기 시작했다.

의미 없는 일상의 흐름과 함께 무기력하게 멈춤 없이 내달리기만 하는 것도 이제는 지쳐버렸다. 언제까지 이 길을 걷고 또 걸어야 하는 것일까? 나의 존재에 대한 의문은 점점 시들어 가고 나는 나의 가치에 대한 중요성을 잃어버린 채 한 걸음씩 무거운 발걸음을 뗄 뿐이다.

이러한 나에게서 무엇을 바랄 수 있겠는가? 이런 내가 무엇을 만들어 낼 수 있겠는가? 나를 돌이켜보려 해도 자꾸만 겉돌기를 반복할 뿐 나에 대한 진실은 점점 미궁 속으로 빠져들어 갈 뿐이다.

어떻게 해야 할까?

나는 내가 되고 싶다. 다람쥐 쳇바퀴 도는 일상의 내가 아닌 나는 나여야 한다.

나에 대한 책임을 스스로 충족시켜야 하며 지켜나가야 한다. 바쁜 일상만을 비관하며 허무하게 시간을 낭비하여야 할 이유는 없다.

나에게 소홀할 이유가 없음을 알면서도 실행하지 못하는 것은 내 자신의 부지런하지 못한 습관 때문이다.

부지런한 생활 습관과 나에게 책임 있는 생각을 지닌다면 얼마든지 건강한 나의 모습을 확인할 수 있을 것이다. 나는 그렇게 내가 되고 싶다.

그 누구에게도 뒤지지 않을 나의 모습을 그렇게 보여주고 싶다. 나는 나이기 때문이다. 그렇게 일상에 찌든 내가 아닌 활동적인 나로 다시 일어서고 싶지만 나는 실행에 옮기기도 전에 포기 먼저 하고 만다.

바보 같은 일임을 안다.

이 행성에서 나를 찾는 것은 그리 어려운 일이 아니다. 단순하게 여행자가 되면 되는 것이다. 그것을 벗어나 절실하게 나를 원한다면 여행자가 아닌 이 행성의 주인이 되는 것이다.

이 행성을 소유할 수 있을 때, 이 행성의 구성원임을 인정하고 받아들일 수 있을 때 흐름에 익숙해지는 나를 느끼게 될 것이다. 그것이 진정한 나를 만들 수 있는 원동력이 되어 이끌어갈 것이다.

나는 포기하고 싶지 않다. 적어도 이 행성에 존재하는 한 나는 나일 수 있어야 하고, 그것을 인지할 수 있을 때 다음 행성으로의 여행을 시작할 수 있을 것이다.

나의 여행은 이 행성에서 멈추고 싶지는 않다. 그래서 나는 언제나 나를 찾기 위해 노력하고 그것을 디딤돌로 밟고 일어서려고 한다.

적어도 지금부터 다시 시작해야 하는 이유다.

나는 나의 모습을 숨기고 살아가는 거짓된 사람이다. 나를 속이고 책임 또한 회피하려 하는 파렴치한 사람이기 때문이다. 애써 생각해 보면 나는 나를 사랑하는 법을 배운 적이 없다. 그러므로 나는 나를 사랑하는 법을 아직 모른다.

스스로 나의 여유로움을 억제하고 자유롭지 못한 사람처럼 행동하는 나는 나약한 인간에 불과할 따름이다.

나 자신이 마땅치 않음을 그 누구보다 나는 더 잘 알고 있고 그로 인해서 벌어지는 일 또한 느끼고 있다. 그래서 나를 다시 생각해 보기로 한다.

스스로를 책임지지 못하면서 사랑이 무엇이니, 행복이 무엇이니 쓸데없는 이야기를 늘어놓는 것은 싫다. 그것을 구실 삼아 나를 일으켜 세우지 않으려는 백치가 되기는 싫다. 남들이 어떻게 나를 평가하고 있는지는 중요하지 않다. 중요한 것은 나를 정확하게 바라볼 수 있는 시선이다.

겉은 멀쩡하고 속은 텅 비어 있는 허수아비에 불과한 나를 탓하지는 않겠다. 그렇다고 나를 계속해서 방치해 두기만 한다면 나의 삶은 분명 방향을 잃고 엉뚱한 곳으로 향할 것이다. 절대 내 의지대로 흐르지는 않으리라는 것도 알고 있다.

결국 걷잡을 수 없이 황폐해지는 나 자신을 뒤늦게 발견하며 후회하게 될 것이 뻔함을 알기에 그러기 전에 나의 참모습을 찾아야 한다.

거짓 없는 모습으로 나를 직시해야 하며, 나를 잠시 내려놓아야 한다는 것도 알고 있다. 옳고 그름을 떠나 어쨌든 나를 사랑하는 법을 배워야 하기 때문이다. 내가 소중하다는 것을 스스로 터득해야 하는 것이다.

그것은 그 누구도 가르쳐 주는 것이 아니다. 내가 느끼고 받아들일 수 있을 때 비로소 자신을 사랑할 준비가 되는 것이다.

그렇게 나 자신을 일깨우는 것이 내게 주어진 일이며 나를 사랑하는 일일 것이다. 그것이 내가 이 삶을 살아가는 진정한 의미일 것이다.

어쩌면 나는 벌써 그것을 터득하고 있었는지도 모르겠다. 알고 있으면서 자신을 외면하고 있었던 것은 시간이 필요했기 때문일 것이다.

닫힌 나의 눈과 귀, 그리고 마음을 열어야 한다. 더 이상 꼭두각시 인형과 장난감 로봇 같은 모습으로 이 삶을 살아가야 할 이유는 없다. 나 자신도 이제 거짓된 삶을 지속해야 할 이유가 없음을 알고 있다.

나의 가슴에 품고 있던 그 소박한 꿈을 구겨진 원고 뭉치처럼 아무렇게나 방치해 두어서는 안 된다. 나를 내세울 근거는 충분히 있다. 그리고 구실 같은 걸 만들어서 나를 애써 포장하고 싶지는 않다.

그렇게 된다면 나를 찾을 수 없을 것이며 정작 나 자신을 사랑하는 법은 깨우칠 수 없을 것이다. 나는 먼저 정직해지는 법을 알아야 한다.

닫힌 나의 가슴이 활짝 열리고 숨겨 두었던, 아니 잊고 있던 어린 시절의 그 아름다운 소망을 밖으로 소박하게 꺼내 놓고 표현할 수 있어야 한다.

나는 이미 받아들여야 했을 나만의 세상을 생각해 본다. 물론 그것은 꿈만으로 존재해서는 안 된다.

파스텔 색조로 가득한 오즈의 나라와 어린 왕자의 아담한 행성 같은 곳. 그곳에는 유년의 내가 존재하고 있다. 그처럼 정원을 가꾸며 꽃과 새들과 대화하고 노래할 수 있는 나만의 공간을 충분히 만들 자신이 있다. 그것은 나만의 욕심은 아닐 것이다.

환상이 아닌 환상 속 그 소박함을 잊고 싶지 않다. 나 자신에게 최선을 다하는 삶을 살아가고 싶다. 나는 논과 밭에 세워져 있는 허수아비가 아니며 또 의미 없이 스쳐 지나가는 존재가 되고 싶지는 않다.

나는 나의 참모습을 알아가고 싶은 것이다. 더 많은 욕심은 내지 않겠다. 차근차근 나를 사랑해 갈 것이며 또한 조심스럽게 나를 일으켜 세울 것이다.

그것이 나를 나일 수 있게 만드는 방향이다.

나를 돌이켜 보면 나 아닌 다른 사람의 삶을 대신 살아가고 있는 듯한 느낌이 든다. 나를 그만큼 소홀하게 여기고 있기 때문이다.

이곳과 동떨어진 평화롭고 여유로운 공간 속을 생각한다. 그곳에서는 환하게 웃고 있을 나를 만날 수도 있을 것이다. 그 무엇을 하더라도 버겁거나 지치지 않는 나를 발견 할 수 있을 테지만 나는 마음만 앞설 뿐이다.

사소한 핑계를 내세워 움직이지 못하게 나를 옭아매는 것이 나에게 가장 큰 문제이다.

무엇 때문에 나를 거칠고 메마르게 이끄는 것일까? 무엇이 나를 그토록 무디고 힘들게 만들고 있는 것일까? 왜 나는 그 동안 나 자신을 외면하고 있었던 것일까?

터무니없이 큰 욕심도 아닌데 이룰 수 없었던 것은 바쁜 일상일 테지만 그것은 변명에 지나지 않는다. 나는 나와의 싸움에 밀리거나 졌다.

나를 학대하는 일, 가장 큰 죄악에 이르는 일일 것인데 나는 나도 모르게 그 길을 걷고 있었다. 학대는 곧 나의 감정을 회피한 것이고, 아직도 살아감의 소중함을 깨닫지 못하고 있다는 말이기도 하다.

기계적인 일상에서 벗어나 휴식을 취하는 나의 모습을 생각해 본다. 그렇게 여가 선용하는 모습을 상상해 보기도 하지만 나는 시간이 부족하다거나 피곤하다는 말로 벽을 세우고 만다. 그렇게 스스로 만들어 낸 거짓된 테두리가 커다란 문제였을 것이다.

누군가 뒤에서 등을 떠민다고 해서 일깨울 수 있는 일은 아니다. 스스로 일깨울 수 있어야 하며 그것이 곧 나를 나일 수 있게 만드는 가장 진솔한 방법일 것이다.

나의 삶을 남의 입장에서 바라보며 살아가야 할 이유는 없다. 나의 삶이 결코 남의 삶이 될 수 없기 때문이다. 그 말은 내가 남이 될 수 없으며 남 또한 내가 될 수 없다는 말이다.

나의 삶이 엉뚱한 방향으로 흐른다고 해서 남에게 책임을 떠넘기는 오류를 범하는 파렴치한이 될 수는 없다. 누군가 대신 삶을 살아주는 것이 아니기에 스스로를 내세울 수 있어야 한다는 것을 잊지 말아야 할 것이다.

일상을 복잡하게 이끌어 온 나에 대해 부끄러움을 감출 수 없는 것은 그런 면에서 당연하다.

그리 길지도 않은 한 평생을 나를 위해 살아가는 것이 아니라 남의 눈으로 대신 살아가고 있다면 그보다 더 바보스럽고 어리석은 일은 없을 것이다. 만약 그렇다면 그보다 더 바보 같은 사람이 또 어디에 있겠는가?

나를 가장 행복한 나일 수 있게 만드는 것은 나의 의지에 달렸다. 그러나 나는 자신감을 상실한 채, 고개를 숙인 채 앞도 아닌 발끝만을, 남의 뒤꿈치만을 보고 걸어 왔다.

이제는 그 모든 것을 잊어버리고 좀 더 홀가분한 마음으로 나 자신을 평가해야 할 때이다.

욕심은 더 큰 욕심을 만들 뿐이다. 자신도 모르게 시들어 가는 육체만이 초라하게 남게 될 것은 불을 보듯 뻔한 일이기 때문이다.

지금부터라도 나에 대한 거짓된 집착을 떨쳐버리고 싶다. 욕심 없는 마음으로 삶을 윤택하게 만들고 싶다. 그러기 위해선 천천히 나의 후회 없는 아름다운 모습을 발견하면 되는 것이다.

아무 일도 하지 않으면 아무 일도 벌어지지 않는 법이다. 그러나 어디에선가는 내가 원하지 않는 일이 벌어지고 있을지도 모른다. 그렇기에 지금이 소중한 것이다. 이 순간은 다시는 돌이킬 수 없는 시간이기에 있는 그대로를 마음껏 받아들여야 한다.

이제부터 앞을 똑바로 바라보고 나 자신만을 생각하며 이정표를 놓치지 않으면 되는 것이다.

사각사각 느껴지는 것에 대하여

한순간 아무 소리도 들리지 않는다.

오늘은 세모가 되어 가는지, 아니면 네모가 되어 가는지, 혹은 평상시의 흐름을 벗어나지 않는 동그라미의 지속인지 모르겠다. 그렇게 오늘은 희미해지면서도 선명해진다.

불면의 시점! 출발은 아마 그즈음이었을 것이다. 나는 시간에 그리 민감한 편은 아니다. 그러면서도 나 자신도 모르게 오늘에 대해 귀 기울이는 것은 어쩌면 반복된 시계추와 초침의 일부분임이 틀림없다. 시간은 자꾸 가는데 나는 자꾸 지난 시간에 연연하고, 시계의 초침이 거꾸로 가는 것처럼 느껴지는데 실은 같은 한순간을 아무렇지 않게 달린다.

언제부터였을까?

내가 시간을 의심하게 된 것은? 아마도 사랑의 시작 때문이었을 것이다. 어쩌면 그렇게 너를 의심했고, 어쩌면 그렇게 시간을 받아들이고 있었는지 모르겠다.

아무것도 그 무엇도 벌어지지 말았어야 했다. 그러나 일상의 한 부분은 가끔 시간을 뛰어넘기도 하면서, 나 자신을 속이기도 하면서 소리 없이 멈추었다가 소리 내어 달음박질치기도 한다.

그런 시간을 접시에 올려놓고 스테이크 칼과 포크로 조각을 내어 잘근잘근 씹어 먹고 싶기도 하지만 그건 결코 만만한 일이 아니다.

누군가는 시간을 사각사각, 또는 싹둑싹둑 잘라내기도 하고 먹음직스럽게 접시에 올려 맛있게 먹기도 하지만 그것은 인간이 아닌 신들의 이야기일 것이다. 뭐, 자기들 마음대로 하던지! 하면서도 내가 그렇게 시간을 쪼개 먹으면 어떨지 하는 생각이 들기도 한다.

오늘은 사각사각이다. 물론 오늘의 주체는 나여야 하고 또 나일 수밖에 없어야 한다. 어차피 내게 주어진 오늘이기 때문이다. 그래 오늘은 아무 일도, 아무것도 하기 싫다. 그 말은 오늘을 날로 먹고 싶다는 말이다.

오늘을 나눈다면 어떻게 나눌 수 있을까?

천분의 일? 아니면 만분의 일! 그렇게 나누다 보면 오늘을 써먹기에 너무도 많은 분량이 생기고 만다. 삼등분할까? 아니면 이등분을 할까? 아니면 한나절, 반나절?

지금, 이 순간에도 시간이 멈추지 않고, 흐르고 나뉘기 시작한다. 나에게는 불가항력일 테지만 나의 식도와 위로 오늘을 가늠해 본다. 내 인생의 시간은 온전히 나의 것임을 나는 알고 있다. 그래서 나누기보다는 모으기를 하며 오늘의 시간을 생각한다.

그러자 오늘은 고스란히 한 덩이가 되었다. 두 덩이가 된다면, 그리고 세 덩이가 된다면 골치 아픈 오늘이 되고 또 그렇게 내일을 나누어야 할 것이다.

의미 없이 핸드폰 계산기의 0 나누기 0을 누른다. 그러면 "완성되지 않은 수식입니다."라고 뜬다. 그래 오늘은 0과 0의 나누기이다. 수식이 없기에 오늘을 0으로 본다. 하지만 수학자는 0과 0의 무언가를 찾아낼 것이다.

"뫼비우스의 띠."라든지 웜홀! 혹은 아주 작으면서도 한순간 행성을, 태양계를 잡아 삼킬 수 있는 블랙홀이라든지!

꼭 0이 0이라는 법은 없다. 그런 것처럼 나는 내 마음대로 생각하지만 분명 무슨 일이든 생길 것이다.

나는 지금 그 0을 기다리고 있는 것이다. 어쨌든 오늘은 오늘의 일이 생기고 만다. 우리는 그것에 순응하며 살아가고 있으며 바꾸려 하지 않는다. 아니 우리의 힘으로는 바꿀 수 없는 것이 바로 오늘의 0인 것인지도 모르겠다.

그 0을 위해 나는 어쩔 수 없이 샤워를 한다. 그러다가 문득 나도 모르게 자라오른 거울 속의 나를, 거울 속의 지저분한 머리카락을 보며 단정하지 못하다는 것을 느끼고 만다.

어디였던가? 이사 간다고 했던 그 미용실이?

그 어디쯤이라고 했는데. 성격이 까탈스럽기 때문에 다니던 미용실이 아니면 머리를 깎고 싶지 않은데.

그 근처라고 했던가? 우선은 그 근처를 향해 마냥 걸어 본다. 그리고 그 근처에서 기어코 간판을 찾아내고 들어선다. 반김과 마주함! 그리고 눈을 감는다.

사각사각!

망설임 없이 시작되는 공간과 시간의 울림! 스르르 나른해짐과 사각대는 소리는 불면증을 억압한다. 나는 사각거림과 시계의 초침 소리에서 갈피를 잡지 못하다가 깜빡 잠이 들고 만다.

가끔 당겨주는 분침을 삼키면서 침을 꼴깍거리기를 몇 차례, 나는 시간의 두꺼운 옷을 입고 0과 0 사이에서 또다시 0을 만들어 낸다.

이제는 아무 소리도 들리지 않는다. 그동안 내가 모르는 사이에 시간은 또 어떤 소리를 만들어 냈을까? 흔들리지 않는 나에겐 그 시간이 마치 0으로 느껴졌지만, 다른 누군가에게는 슬픔으로 또는 기쁨으로 찾아왔을 터이다. 그러나 나는 언제까지나 0이 되고 싶다. 그 0이 0이 아닌 걸 알면서도 나는 굳이 고집하고 만다.

사각사각!

어쩌면 그 가위질 소리가 시간을 좀 먹는 소리일지도 모르겠지만 그것은 0이 벌이고 있는 짓일 것이다. 그렇게 나는 오늘을 0으로 장식하는 중이었다.

또 그렇게 시간은 0이면서, 인간이 늙기 위해 만들어 놓은 시간의 줄기가 되어 나 몰라라 걸어가고 있는 것은 아닐까? 하루살이가 하루를 살지 않는 것처럼 인간도 나름의 시간을 정해 놓았을 뿐이다. 하루살이가 되지 않기 위해 만들어 놓은 보기 좋은 허울은 아닐까? 하는 생각을 해 본다.

종족 번식의 하루가 사랑이라면 나는 그런 무능력한 하루를 살고 싶지 않다.

사각거리는 소리와 함께 나는 사랑을 생각하고 있었다. 사랑의 의미와 진실을, 그리고 그 사랑의 범위를 계산해 본다.

나는 언제까지나 오늘이 0이었으면 좋겠고 내일도 0이었으면 좋겠다. 그렇다고 영생을 바라는 것은 아니다.

사랑의 짝이 된다면, 그 상대가 된다면 0이기 이전에 하나가 되고 싶고 그 하나가 시간의 일부분에 영원히 1로 남고 싶을 뿐이다. 내 유전자는 분명 그러함을 바랄 것이다.

오늘은 나에게 0을 주었지만, 내일은 1을 주어 그 1만큼만 존재하고 싶을 뿐이다. 그렇다고 그것으로 영원을 고집하고 싶지도 않다.

이제 욕심을 부려야 할 시간도 지나지 않았는가? 그 언젠가를 바라지도 않는다. 0이기에 0이어야 하고, 1이기에 1이어야 한다는 간단한 수식도 고쳐 쓰는 세상에서 굳이 1이라고 고집할 필요도 없고 0이라고 고집해야 할 의미도 없다는 것을 알고 있기 때문이다.

삶과 죽음과 환생은 오늘과 같은 0이기 때문이다. "여기는 지옥인가? 천국인가? 아니면 중간계인가?"라는 말도 안 되는 헛소리도 어차피 0인 것이다.

그렇게 사각사각 시간은 소리 없이, 나름의 길을 달리고 또 달려 영원 속으로 사라질 것임을 알기에 이제 미련 따위는 갖지 않기로 했다.

어차피 나에게 오늘은 0일 것이고 내 삶 속의 숫자 또한 0이 되어야 한다고 생각한다. 과연 오늘이 1일 때 0보다 더 나을 수 있을까? 하는 생각을 해본다.

0과 1을 나누어야 하는 것인지도 생각해 볼 문제인데 나는 골치 아픈 것을 싫어한다.

0이든 1이든 나에게는 그저 아무 상관 없는 흐름의 여전함이다. 그렇게 사각거리는 오늘이 좋고, 지금이 좋고, 앞으로 느낄 수 있어서 좋을 뿐이다.

내가 꿈틀거리면 너는

공원 벤치에 우두커니 앉아 있습니다. 가끔 산책 나온 사람들의 인기척이 느껴지지만 다시금 소리 없이 사라지고 나면 혼자인 내가 부담스러워집니다.

무뚝뚝하고 초라한 표정으로 옷깃을 어깨 위로 아무렇게나 세운 채 나는 당신을 생각하고 있습니다. 늦은 밤, 아무도 거들떠보지 않는 쓸쓸한 시간 사이로 나는 당신의 흔적을 찾아 나름의 여행을 즐기고 있습니다.

어느 곳에서도 다정한 발걸음 소리는 들려오지 않고 나만의 숨소리에 서글픈 마음으로 초라하게 시들어 가고 있습니다. 그렇다고 그 누구의 조언이 필요한 것은 아닙니다. 어차피 상대와의 관계에 다른 사람의 잡음이 끼어들면 올바른 선택을 할 수 없다는 것을 알기 때문입니다.

그토록 가슴 졸이며 애태우던 나의 당신, 더 이상 나의 곁에 존재하지 않는 당신입니다. 더는 가까이 다가오지 않을 겁니다. 설령 마음을 바꾸어 다가오더라도 나의 옆에 앉을 자리는 없을 겁니다.

두 손 모아 간절히 기도해도 당신은 이제 나의 그가 아닙니다. 당신의 가슴 속이나 나의 가슴 속에서 서로의 존재란 의미 없고 소중하지 않기 때문입니다.

너무 늦게 알았나 봅니다. 그래서 더 잊기 어려운 모양입니다. 또 서로 너무 많은 것을 알고 있기에 자존심 같은 것은 내세우지 않을 거라는 것도 압니다.

그래서 이렇게 아픈가 봅니다. 차라리 서로에게 너무 많은 것을 보여주지 않았다면 오늘과 같은 일은 없었을지도 모릅니다. 그러나 시간이 더 지난 후에는 더 많은 가슴 아픔을 느껴야 했을 것이기에 어쩌면 지금의 내 모습이 다행인지도 모르겠습니다.

더는 서로를 애태우지 않아도 됩니다. 한편으로는 홀가분함을 느끼면서도 가슴 깊은 곳에서는 알 수 없는 울컥거림이 나를 몰아세웁니다.

서글픔으로 짙게 물드는 시간, 참고 있던 억누름이 일순간 가슴 속에서 꿈틀거립니다. 한 사람을 만나 사랑하고 행복함을 느끼는 것이 당연한 일이지만 우리는 왜 점점 멀어져 아득한 곳에서 미움을 간직하고 있는 것일까요?

내가 너무 많은 것을 거침없이 보여주었기 때문일까요? 아니면 당신이 나에게 너무 많은 것을 들켰기 때문일까요? 그렇지 않다면 우리 서로에게 한없이 부족했기 때문일까요?

그 이유를 알 수 있다면, 진즉에 그러한 단점을 서로 보완할 수 있었다면 이러한 시련은 없었을 테지요. 그러나 이제 돌이킬 수 없는 일이 되고 말았습니다.

그렇다고 미련은 남기지 않을 참입니다.

이제 와서 그런 단점을 보완한들 무슨 소용이 있겠습니까?

나를 마음 졸이게 했던 당신, 우리의 인연은 거기까지였던 모양입니다. 서로의 곁을 비워둔 것을 보면 분명 그러할 것입니다.

이렇게 못 견디게 당신이 보고 싶은 것은 허전한 마음 탓이겠지요. 가까이에 있던 당신이 더 이상 가까워질 수 없는 간격을 두었기에 그것이 나의 마음을 뒤흔들 뿐입니다. 되도록 당신을 떠올리지 않으려 해도 자꾸만 생각나는 것은 분명 이유가 있기 때문입니다.

그러나 그러한 것으로 찌질해질 수는 없습니다. 어차피 걸어야 할 길이고 그 길 위에서 마주쳐야 할 외로움입니다. 그런 나를 부정하거나 거부하지 않겠습니다.

혼자 있는 시간이 쌓여 갈수록 쉽게 적응할 수 있을 겁니다. 그렇게 시간이 늘어갈수록 점차 당신의 모습이 희미해지겠지요. 그리고 그러다 말겠지요.

당분간 이렇게 앉아 있고 싶습니다. 당분간 나 자신을 위해 시간을 배려할 생각입니다. 사랑의 유년기를 다시 걸어야 합니다. 그러기 위해서 나를 일으켜 세울 시간이 필요한 것입니다.

조심스럽게 걷다 보면 알게 되겠지요. 결코 실연의 아픔 때문이 아니라는 걸 알아야 합니다. 당신을 비꼬거나 자만하지 않겠습니다. 이제 우리의 갈 길은 둘로 나뉘었습니다. 당신의 그 길을 응원하겠습니다.

그렇게 휴식을 취하다 보면 나 자신을 위한 소중한 사람을 찾아내거나 그 사람이 찾아올 겁니다. 이제는 서두르지 않을 겁니다. 물론 성급하게 상대를 판단하지도 않을 겁니다. 조용히 기다리겠습니다.

나를 좀 더 행복하고 여유롭게 만들어 줄 수 있는 그를 향한 여행이 될 겁니다. 물론 나를 위한 여행이기도 할 겁니다. 더는 아파하고 싶지 않습니다. 그럴 자신이 없기에 나는 항상 조심스러워야 합니다.

다가올 당신에게 말하고 싶습니다.

"당신이 보채지 않았으면 해요. 어디든 같은 곳을 바라보고 싶지만 그렇다고 너무 많은 것을 바라지 않았으면 좋겠어요. 우리 천천히 서로를 알아갔으면 합니다."

나는 다시 꿈틀거리기 시작할 겁니다.

거리를 걷다가 우연히 그를 보았습니다. 매우 행복해 보이는 그의 모습은 나를 더욱 화나게 만들고, 그의 옆에서 사랑에 깊게 빠져든 눈으로 행복하게 걸어가는 상대의 모습은 나를 속상하게 만들고 있지만 아직은 괜찮습니다.

얼마 전까지만 하더라도 나의 옆에서 나의 하나로 행복해하던 그의 거짓된 모습이 떠올라서 약이 오르기는 했지만 그러면 그럴수록 나만 더 초라해진다는 것을 알기 때문입니다.

지난 추억으로 간직하며 아름답게 여기던 그와의 인연의 감정이 소스라치게 놀라 저만치 도망치고 말았습니다. 그에 대한 감정이 무참히 깨져버리는 순간이었습니다.

나를 농락하며 싱글벙글 미소를 자아내던 그의 얼굴이 자꾸만 떠올라 그가 얄미웠습니다.

그의 입에서 “나는 당신만을 사랑해요.” 혹은 “우리 언제 결혼하지?”라고 진지하게 말하던 그의 표정이 나를 자책하게 만들고 있었습니다.

그와의 마지막 만남이 있던 날, 다시는 나의 앞에 나타나지 않겠다는 그의 말이 생각나 자꾸만 귀에 거슬리고 있었습니다.

이럴 수 있는 겁니까? 거짓 만을 간직한 그가 그처럼 도도하고 당당할 수 있는 겁니까? 나를 무참히 짓밟아 놓고 그것도 모자라 나의 앞에 버젓이 나타나 나를 희롱해도 되는 겁니까?

당신은 그 정도의 밖에 안 되는 사람이었나요?

나는 다시 한번 어이없어서 그를 쳐다봅니다. 그러나 남는 것은 짙은 침묵과 저만치에서 달려오고 있는 지난날에 대한 거짓들뿐입니다.

그를 잊기 위해 온갖 애를 쓰며 괴로워하던 지난 시간이 아깝게 여겨집니다. 억울하고 분해서 참을 수가 없습니다. 그는 엉망이었던 겁니다. 그 자체로 자신을 내세울 수는 없는 사람이었던 겁니다.

앞으로 걸어가지도 못하고 그가 걸어간 그 자리에 우두커니 서 있을 수밖에 없었습니다. 한 번쯤 뒤돌아볼지도 모른다는 생각 때문이었는지도 모릅니다.

나는 당당하게 앞으로 걸어가야 했습니다. 그의 생각대로 뒤돌아보지도 않고 그가 먼저 뒤돌아보며 후회하는 표정을 상상해야 했습니다.

만약 그랬다면 그는 아무렇지 않게 행복한 시간만을 욕심내고 있을 거짓된 모습을 봐야 했을지 모릅니다. 다행입니다. 자기 행동에 자신만만해하며 우쭐대는 그의 모습을 보지 않아도 되니 말입니다.

조금 아쉬운 것은 그 자리에 멍하니 서 있었다는 겁니다. 그것이 조금 마음에 걸립니다만 뒤돌아보지 않은 것만으로도 나는 만족합니다.

그래요. 가슴 졸이며 추억에 사로잡혀 괴로워해야 할 이유는 없습니다. 나는 지금부터라도 그에 대한 것을 남김없이 모두 지워버리고 담담하게 살아가기로 했습니다.

나 혼자만 상처받고 있었다는 것이 비생산적으로 느껴질 뿐입니다. 그렇다고 그를 나쁜 사람으로 기억하고 싶지는 않습니다.

그는 아무것도 아닌 사람에 불과합니다. 그런 사람을 좋아했다는 것이 수치스러울 뿐입니다. 그 정도 밖에 되지 않는 사람에게 이끌렸다는 것을 어떻게든 숨기고 싶은 심정일 뿐입니다.

어쩌면 그는 자신의 행복을 보여주며 나의 아파하는 모습을 바라보는 것으로 더 큰 행복을 성취하고 싶었는지도 모릅니다. 그래서 다시 자신에게 되돌아와 애원하길 꿈꾸고 있었을지도 모릅니다.

그는 바보 같은 억지를 부리고 있는 겁니다. 떡 줄 생각은 전혀 없는데 말입니다. 그는 떡을 먹여줄 기대를 하고 있는지도 모르겠습니다. 뭐 그렇게 생각해 버리면 그만입니다. 그가 보여주는 모습들은 그 어떠한 신뢰도 느낄 수 없게 만듭니다. 아마도 자신을 제대로 바라보지 못하는 모양입니다.

이제 거리를 걷다가 우연히 그를 만나더라도 망설이지 않겠습니다. 그는 더 이상 나의 연인이 아니기 때문입니다. 한순간의 인연으로 잠시 추억 속에 머물던 상대일 뿐입니다. 지울 수 있다면 그와 함께 존재했었던 그 시간을 편집해 버리고 싶습니다.

그가 거짓이 아닌 진실로 명확한 사람을 만나길 바랍니다. 솔직히 그를 생각하는 것은 가치 없는 일일 뿐입니다. 다만 마지막 충고를 해 주는 것뿐입니다.

마지막까지도 사랑의 어려움을 깨닫게 해준 그에게 그다지 감사하지 않은 마음 조금 전합니다.

"자신을 거짓으로 바라보지는 말아 주세요. 너무 추해 보이잖아요."

물론 나도 나 자신을 되돌아보겠습니다. 다시는 후회 없을 사랑을 얻기 위해 나 자신을 다잡아야 하기 때문입니다. 그러지 않고서는 나도 그와 별다른 사람이 아니라는 것을 인정하는 꼴이 되어 버리기 때문입니다.

뒤돌아보지 않을 그러한 길을 걷고 싶습니다. 망설이다가 그만두는 그러한 길은 걷고 싶지 않습니다. 앞으로 다가올 길을 기대하고 있습니다. 아낌없는 사랑보다는 아찔하고 소중한 사랑을 이끌어 가고 싶습니다.

나를 더 이상 괴롭히지 않았으면 좋겠습니다.

어느덧 많은 시간이 흘렀음에도 불구하고 당신은 왜 아직도 나를 비참하게 만드는 건가요? 내가 그렇게도 미웠나요? 아니면 나를 그렇게도 못 잊어 하는 것인가요?

그럴 리 없겠지요.
나의 착각이겠지요.

아마 그럴 겁니다. 나는 아직도 당신의 허상에 사로잡혀 마음을 차분하게 다스릴 수가 없습니다. 또 당신을 그토록 사랑했다고 나는 서슴없이 착각하고 맙니다. 당신이 나를 괴롭히는 것이 아니라 나 스스로를 괴롭히며 지난 과거로 떠밀고 있는 건지도 모겠습니다.

이러한 나의 마음 당신은 모를 겁니다. 그러나 한때는 당신이 모르더라도 끝없이 당신이기를 고집했습니다. 이제 그러한 것쯤은 깨닫고 있습니다. 부질없는 일이라는 것을 인식해 가는 중입니다.

당신이 얼마나 나를 부담스러워했는지 이해하고 있습니다. 그것을 이해하면서도 이처럼 당신을 떠올리며 연인임을 회상하는 것은 미련한 그리움 때문입니다.

이러한 나 자신이 잘못된 사람인가요?

그래요. 당신 아닌 다른 사람이 나를 보더라도 온전하게 생각지는 않을 겁니다. 알고 있습니다. 누가 귀띔해 주지 않더라도 누구보다 나 자신이 잘 알고 있습니다.

그렇다고 오해하지는 마세요. 괜한 착각에 사로잡혀 나를 욕되게 하지는 마세요. 내가 이 순간 회상하는 것은 현재의 당신이 아닌 추억 속의 당신일 뿐입니다.

실망했나요? 물론 실망했을 겁니다.

당신에게는 미안한 말이지만 내가 현재의 당신을 떠올릴 이유는 없습니다. 또한 그런 여유도 지닐 수 없습니다. 당신은 이미 나의 연인이 아닙니다. 나에게서 한순간 행방불명된 사람이거나 의미 없는 사람일 뿐입니다.

지금의 당신 모습을 그리워해 본 적은 없습니다. 당신도 물론 그러하겠지만.

어쩌면 우리는 서로 그러한 추억 속에서 살아가고 있는지도 모르겠습니다. 그렇게 현실을 부정하고 있는지도 모릅니다. 그래서 잊지 못하고 자꾸만 생각해 내는 건지도 모릅니다.

지금 이 순간, 지금의 시간에 더 현명해져야 합니다. 과거라는 낱말보다는 미래라는 낱말에 더 익숙해져야 할 때임을 압니다. 그래서 이제는 생각하지 않기로 했습니다. 그렇지 않으면 영영 과거에서 벗어날 수 없을 것이기 때문입니다.

무성한 해코지 속에 돌이킬 수 없는 큰 오점으로 존재하는 것을 원하지는 않습니다. 이제 약한 모습은 싫습니다. 그러한 의미에서 남김없이 정리해야 합니다.

당신과 나의 모든 과정은 사랑의 예행연습이었을 뿐이니까요. 추억 속의 인물이어서도 안 됩니다. 되돌아 가까이 다가서려 해서는 더더욱 안 됩니다. 현실을 직시해야 합니다. 그런 나 자신에게 용기를 북돋아 주어야 합니다.

그래요. 이미 정리하고 있습니다. 나의 진정한 사람에게 나의 마음을 아낌없이 줄 준비가 되어 있습니다. 지금까지는 그저 과정일 따름입니다. 나 자신을 그리고 다가올 상대를 소중하게 받아들여야 할 의무를 성실하게 실현시켜 나가야 합니다. 나는 무책임한 사람이 아니기 때문입니다. 나는 나 자신을 끔찍이 사랑하는 사람입니다.

더는 나를 괴롭히고 싶지 않습니다. 우리의 관계는 이미 오래전의 기억할 수 없는 소꿉장난이어야 합니다. 서로 각자 알아서 걸어가야 합니다. 이제는 서로라는 말도 삼가야 할 단어가 되어버렸습니다.

사랑하는 사람에게 나는

당신은 상대를 얼마나 사랑하고 있나요?

아직 알아가는 단계라면 상대에게 너무 많은 것을 보이지 마세요. 확신을 갖기 전까지, 선택의 확실함을 인정하기까지는 앞으로도 겪어 가야 할 시간이 많이 남아 있기 때문입니다. 무턱대고 모든 것을 주고 나면 혹시 있을 이별에 치유할 수 없는 상처를 받을 수도 있습니다.

사랑한다는 것, 그것보다 설레고 떨리는 일은 없을 겁니다. 그것보다 소중하고 아름다운 것이 이 세상 어디에 또 있겠습니까? 또한 그것보다 순수한 것이 어디에 또 있겠습니까?

그러나 당신이 진정 상대를 사로잡고 싶다면 자신의 마음을 무장해제 하듯이 무작정 자신을 열어 보이지 마세요. 조금씩 아주 조금씩만 상대에게 보여주는 겁니다. 당신에게 흥미를 느낄 정도로만 상대를 유혹하세요.

많은 것을 한꺼번에 보여주면 상대는 당신에게 일찍 싫증을 느낄지 모릅니다. 혹은 지레 겁을 먹고 달아나 버릴지도 모릅니다. 사랑을 미처 소화하기도 전에 탈이 날 수도 있습니다.

음식에 감칠맛 나는 조미료를 뿌리듯 조금씩만 보여주세요. 날 것의 나를 살짝 보여주는 겁니다. 그리고 익숙할 때를 기다려 보는 겁니다. 성급함은 약이기보다는 독이 될 수도 있다는 것을 잊어서는 안 됩니다.

사랑이 자연스럽게 무르익을 때를 기다리는 겁니다. 유실수를 심었다고 바로 과일이 열리는 것은 아닙니다. 거름을 주면서 가꾸고 기다리다 보면 그만큼의 단단함과 성숙함을 지니고 열매를 맺는 겁니다.

사랑도 마찬가지입니다. 때가 되면 당신의 밑거름인 깊은 사랑이 비로소 실현될 겁니다.

성급한 행동과 조급한 마음 때문에 시련을 맞이하는 것보다 여유로운 감성으로 뿌리를 튼튼히 다진다면 진정한 사랑의 열매를 소중하게 받아들일 수 있을 겁니다.

과다한 비료와 물로 인해 뿌리가 썩어 자라지 못하는 나무는 욕심과 욕망에 불과할 뿐입니다. 뭐든지 과하면 탈이 나는 겁니다.

당신의 사랑이 상대에게 일방적으로 보이는 것보다는 서로 지속해서 호응하고 호흡할 수 있는 상황으로 진행되는 것이 옳은 방향이 됩니다. 그때 많은 것을 보여주어도 늦지 않을 겁니다.

당신의 주관적인 생각만 고집한다면 그것은 사랑으로 자라날 수 없습니다. 때로는 그것이 탐탁지 않은 상황으로 전개될 수도 있다는 말입니다. 세상은 내 맘 같지 않기에 원하는 대로 흐르지 않습니다.

이별의 상처를 마주하고 섰을 때 그때 가서 상대만 나쁘다고 원망할 수 없을 겁니다. 억지를 부린다면 그것은 그저 올바르지 않은 당신 자신의 탓입니다.

"내가 그토록 당신을 사랑했는데 당신은 나를 원망했어요."

그것은 착각에서 비롯된 말일 뿐입니다. 일방적인 당신의 행동에서 비롯된 것입니다. 화살은 당신에게로 향해져야 합니다. 잘못을 따지기 이전에 자신을 돌이켜 봐야 합니다. 상처가 될 가벼운 말투로 상대를 몰아세울 필요까지 있을까요?

서로를 원하기 이전에 혼자만의 착각으로 상대를 몰아세워 자존심을 상하게 한다면 상대는 뒤도 돌아보지 않고 떠나게 될 겁니다. 그래서 항상 조심해야 하는 겁니다. 말투와 성격까지도 상대를 배려할 수 있는 그런 자세가 필요합니다.

사랑은 혼자만의 힘으로는 불가능한 것입니다. 떠나고 나면 그만입니다. 그때 가서 후회하고 울며불며 매달릴 생각이라면 당신은 잘못된 생각으로 사랑을 바라본 겁니다. 애초에 그런 행동은 하지 말았어야 합니다.

한순간의 감정으로 이루어질 수 없는 사랑을 고집한다면 마음대로 하세요.

급하게 사랑을 갈구하다 보면 체하는 법입니다. 부디 올바르지 않은 방향으로 사랑을 엉뚱하게 이끌지는 마세요. 자신을 또는 상대를 원망하고 싶지 않다면 당신의 확고한 마음가짐이 있어야 합니다.

사랑은 혼자서 만들어 가는 것이 아닙니다. 자신은 대수롭지 않게 여겼더라도 상대는 말 한마디에 마음이 돌아설 수도 있는 겁니다.

당신은 상대를 존중할 수 있나요?

당신은 나쁜 사람입니다. 그를 그렇게 무참히 짓밟아 버린 당신은 절대 용서받을 수 없는 사람입니다.

바보 같은 사람.

상대의 정신적 충격은 염두에 두지도 않고, 엉뚱한 곳에서 튀어나와 상대를 사랑하지도 않으면서 호기심으로 다가섰습니다. 사랑한다는 입에 발린 소리로 상대를 유혹하던 당신이라는 사람은 그저 가벼운 대상이어야 합니다.

당신은 인성을 지니지 못한 비정하고 못된 사람이다.

그는 당신에게 그렇게 많은 것을 아낌없이 주었는데 당신은 그에게 슬픔과 실망을 남기고 떠나가 버렸습니다. 있을 수 없는 일이라고 그가 바로 잡으려 했지만 당신은 매정하게 돌아서고 말았습니다. 듣는 양 마는 양 한쪽 귀로 흘려버리고 대수롭지 않게 외면하고야 말았습니다.

그에게 단 한마디의 듣기 좋은 변명도, 이렇다 할 말 한마디도 하지 않은 채 자신의 욕심만을 채운 채 그를 짓밟고 지나갔습니다.

가벼운 호기심 때문에 사랑을 멋대로 시작하고 그것을 사랑이라고 빙자한 죄! 그의 시들어 가는 모습을 그저 비아냥거리며 외면해 버리고 사랑을 모독한 죄를 어찌 용서할 수 있겠습니까?

당신이 그에게 어떠한 변명을 전해도 그는 이제 결코 그 말을 귀담아듣지 않을 겁니다. 당신은 그를 이용하여 또다시 자신을 욕되게 할 인간이기 때문입니다. 거짓말을 일삼는 당신에게 그 무엇을 바랄 수 있겠습니까?

그렇다고 당신을 나쁜 부류의 사람으로 단정하고 분류하려는 것은 절대 아닙니다. 그것은 온전히 그의 몫이기 때문입니다. 그가 판단하여야 할 당신의 기준이 부적합하다는 것을 그도 잘 알고 있을 겁니다. 그가 아닌 다른 누구라도 당신을 눈여겨 본 사람이라면 쉽게 알아차렸을 겁니다.

그는 알고 있습니다.

그가 당신에게 너무 많은 것을 주었기에 당신이 그것을 너무 부담스럽게 생각하고 있었다는 것을. 하지만 당신의 상황에서 그것은 이유가 될 수 없습니다. 정작 당신의 마음은 다른 곳에 있었기 때문입니다. 사랑을 부정하고 다른 사랑에 욕심을 낸 죄도 추가해야 합니다.

언제나 도망치려고 했던 당신에게 사랑은 그 어떤 의미도 지닐 수 없었습니다. 사랑은 당신에게 재미에 지나지 않았습니다. 그저 즐김의 대상일 뿐이었습니다. 다른 사랑 또한 역시 즐김의 시작이 될 것은 불을 보듯 뻔한 일입니다.

당신은 욕심이 지나칠 정도로 많습니다. 그것이 결국엔 당신을 그렇게 망쳐놓았습니다. 당신은 이제 좀처럼 회복될 수 없는 상황까지 치달아 괴팍하고 추해 보입니다. 믿음 없는 신뢰가 존재할 수 없듯이 당신의 거짓됨으로 이제 당신을 존중할 상대는 없습니다.

그의 존재는 안중에도 없었습니다. 사랑이 아니라고 우기면 그만이었습니다. 늘 그랬습니다. 그것은 당신이 사랑을 대하는 방식이었습니다.

상대에 대해 조금의 예의도 없는 당신의 주위는 점점 삭막해져 갈 겁니다. 결국 사막화되어 거친 모래바람만 불 겁니다. 손을 내밀어도 당신의 손을 흔쾌히 잡아 줄 사람 또한 없을 겁니다.

그를 사랑의 빌미로 농락하고 희롱한, 심지어 혐오감을 일으키게 한 당신, 그것이 당신의 진심일지언정 본시 악한 사람은 아닐 겁니다.

치졸한 행동으로 자신을 몰아세우는 당신은 자신조차도 사랑하지 않는 미련한 사람입니다. 당신은 충분히 자신을 아낄 수 있으면서도 돌이킬 수 없는 길을 걷고 있습니다.

당신은 혼자가 아닐 수도 있습니다. 만약 자신을 혼자라고 비약하며 그런 자신에게 벗어날 수 없는 것이라면 안타까운 일입니다. 하지만 그것은 스스로 일깨워야 할 문제입니다. 삶은 누군가가 대신 살아주는 것이 아니라 스스로 걸어가야 하는 길이기 때문입니다. 그 길은 절실히 자신이기를 원할 때 깨닫게 되는 겁니다.

그렇지 않고 가능성을 상실한 채 포기해 버린다면 당신은 손을 쓸 수 없는 구렁텅이로 빠져들며 괴로워할 겁니다. 알면서도 자기만을 내세운다면 당신은 비참한 길을 걷게 될 겁니다. 그리고 파렴치한으로 전락해 가슴 아픈 노후를 보내게 될 겁니다.

모든 사람은 혼자일 수 없습니다. 그것은 당신의 생명이 존재하는 근본에 해당하는 일이며 또한 사랑의 근원에 대한 일이기도 합니다.

당신은 스스로 큰 죄를 짓고 말았습니다. 그것도 사랑을 업신여긴 죄는 용서받을 수 없는 되입니다. 멍석말이해도 성에 차지 않을 거짓으로 감쪽같이 속인 죗값은 어쩌면 영원히 치르지 못할지도 모릅니다.

이내 포기하고 도망치고 만 당신. 당신은 그와 같은 사람을 다시는 만나지 못할 겁니다. 만약 만나더라도 당신은 핑계를 대며 또 떠나려고 할 겁니다.

당신은 아직 사랑할 준비가 되어 있지 않은 것이 분명합니다. 어쩌면 과분한 사랑으로 스스로 멍들었을지도 모르겠습니다. 그렇다고 오해하지 말았으면 합니다. 당신을 이해한다는 말은 절대 아니니까.

당신이 변하지 않으면 당신은 제자리를 걸을 겁니다. 한 걸음도 앞으로 나아갈 수 없을 겁니다. 후회하고 외로워할 것이고 죄책감에서 헤어 나올 수 없을 겁니다.

다시 걸어보는 그 길 위에 서서

막연하고 아득하기 만한 그 길 위에 서서 한참을 망설이다가 다시 걷기 시작합니다. 무슨 생각으로 이 길을 걷고 싶었는지는 모르겠습니다.

막상 발길 닿는 데로 걸어왔을 뿐인데 나는 예전에 걸어왔던 그 길 위를 걷고 있습니다. 하지만 내 기억 속에 남아 있던 듣고 싶었던 그 소리의 조각들은 어디로 사라졌는지 이제는 들을 수가 없습니다.

인적을 찾아볼 수 없어서 당혹스러웠지만 그렇다고 걷기를 포기하고 싶지는 않습니다. 어딘가에서 분명 낯익은 얼굴과 목소리를 들을 수 있을지 모르기에 한 발짝 힘 있게 디뎌봅니다.

그렇게 얼마를 걸었는지 모릅니다. 하다못해 강아지 짖는 소리도 들리지 않는 길 위에는 길고양이조차도 눈을 씻고 찾아봐도 찾을 수가 없습니다.

마주하는 길 위의 집들은 그다지 변한 것이 없는데 군데군데 붙어 있는 출입 금지의 딱지들이 나를 머뭇거리게 만듭니다. 그리고 여지없이 굳게 닫힌 문과 자물쇠들은 사람들이 떠나고 없음을 차갑게 알립니다.

이제 소리는 사라졌습니다. 호흡까지 절로 숨어들게 만드는 알 수 없는 그림자가 나의 뒤를 졸졸 따라다닐 뿐입니다. 예전에 살던 집 앞에 섰습니다.

"다녀오겠습니다."

반가움도 잠시 금방이라도 대문을 열고 뛰어나올 예전의 나를 생각하지만 이제는 낡은 얼굴로 처량하게 바라보는 낯선 모습일 뿐입니다.

재개발 지구에 포함되었다는 소리를 듣기는 했습니다. 그렇게 시간의 흐름을 따라 서서히 기억의 저편으로 사라지려는 모양입니다.

언제부터 철거가 이루어질지는 모릅니다. 한동안은 시간이 멈춘 것처럼 보일 겁니다. 그리고 건물과 이 골목길은 사라져 버릴 것이고 더는 익숙하지 않은 그 어디쯤으로 기억될 것입니다. 막으려야 막을 수 없는 흐름의 진행입니다. 그 흐름이 자꾸만 나의 등을 떠밀지만 나는 애써 버티고 서 있습니다. 그렇게 한동안 서 있는데 갑자기 가슴이 먹먹해 집니다.

어린 시절의 추억들이 새록새록 떠오르지만 가까이 다가가기에는 먼 곳이 되어버렸음을 실감하게 되니 울컥 눈물이 쏟아져 내릴 것만 같았습니다. 그렇다고 그것이 위안이 되지는 않을 겁니다. 어쩌면 진즉에 이 길을 걸었더라면 예전의 나를 생생하게 만날 수 있었을지도 모르겠습니다.

골목길을 걸으며 이곳저곳 유심히 살펴봅니다. 이제 다시는 걸을 수 없는 길이고 또 다시는 만나지 못할 내 어린 시절과의 만남이기에 걸음걸이에 간단한 박자를 넣어봅니다. 그럴수록 알 수 없이 내 속의 무엇인가가 꿈틀거리기 시작합니다. 모든 것이 과거로 통하는 문입니다. 비록 인적은 없지만 만날 수 없는 친구들과의 만남을 자연스럽게 이끌어 내고 있습니다.

나에게서 나로 통하는 시간과 나의 발걸음이 하나가 되어 아쉬우면서도 흥미롭게 나를 이끌어 냅니다. 가까이 다가가면 멀어질 것만 같았던 추억들이 서서히 내게로 다가오기도 하고 저쪽에서 더 가까이 오라며 손짓하기도 합니다. 그럴수록 시간이 느려지기 시작합니다. 그러다가 어느 순간 멈추어 과거로 나를 데리고 갈 것 같은데 그것은 그저 나의 욕심일 뿐입니다.

지난 시간을 따라 오늘을 걷는 것은 참으로 행복한 일입니다. 지난날의 나를 따라, 내가 걸어갔던 그 길을 걷는다는 것은 오늘이 있음이고 또 앞으로도 걸어야 할 내일이 있음에 대한 행복입니다.

애써 그 시절로 돌아가지 않아도 내가 있었던 그 시간이 소중하고 헛되지 않았다는 증거이기도 합니다. 이 길을 걷는 것 또한 내 삶의 반복은 아닙니다.

내가 있음의 의미를 되새길 수 있는 길인 것입니다. 그래서 아쉬울 것도 그렇다고 미련을 남길 길도 아닙니다. 이렇게 그냥 걸어가는 겁니다. 걷다 보면 그 존재의 가치에 대한 내 느낌도 되새길 수 있는 겁니다. 그렇게 삶을 확인하며 걸어가다 보면 나를 알 수 있는 겁니다.

나는 걷습니다.

좌절할 필요도 그렇다고 후회할 필요도 없습니다. 나에게 이 초췌해진 길은, 잠시 멈추어 다시 태어날 이 길은 나에게 낯설고 생소한 길이 되겠지만 그 어디쯤이라고 설명할 수 있는 그 길이 되어 가는 겁니다. 절대 후회하거나 미련을 남길 골목길은 아닙니다.

알고 있습니다. 시간의 흐름이 멈추지 않는다는 것을, 그래서 누군가에게는 잊히더라도 언제든 찾아와 그 어느 지점의 내가 손짓하고 있으리라고 나는 생각합니다. 그 여운과 이 설렘이라면 나는 언제든 그 어떠한 어려움이 있더라도 극복할 힘을 만들어 낼 수 있을 거로 생각합니다.

이 길은 그저 낯선 길이 아닙니다. 낯설면서도 익숙한, 익숙하면서도 정겨운 길입니다. 예전의 내가 걸었던 길이고 또 지금의 내가 걷는 길이고 내가 없더라도 새롭게 변한 이 길을 누군가는 걸을 것이기 때문입니다.

차근차근 걸어갑니다. 속절없이, 의미 없이 걸어가는 길은 절대 아닙니다. 이 길을 걷다 보니 알 수 있을 것 같습니다. 그다지 멀지도 그렇다고 그다지 가깝지도 않은 그 언젠가 나의 길인 겁니다.

그래서 지금 내가 여기에 있고 또 다른 내가 거기에 있다는 것을 이제는 알 수 있습니다. 그렇게 나는 나이고 어떨 때는 나이기 이전에 네가 될 수 있는 겁니다.

어디에선가 재잘거리는 소리가 들립니다. 소리 나는 그곳으로 향합니다. 그곳에는 익숙한 얼굴들이 많이 보입니다. 한때 이웃이었던 그들과 격의 없이 대화하던 그 모든 사람의 기억이 있습니다. 그 옆에서 놀고 있던 골목길의 그 녀석들은 그 시간, 그때의 시절에 영락없이 남아 있습니다. 그들의 모습들이 영상으로 스르르 스쳐 지나갑니다.

참으로 아름다운 순간들이었습니다. 잊을 수 없어 추억 깊숙이 남은 그림자들입니다. 가까이 다가가지 않아도 압니다. 우리의 정과 정겨움이 하나가 되어 이 골목을 만들었다는 것을. 그리고 그렇게 삶의 한 자리를 잡고 있다는 것을. 이렇게 걷는 오늘은 어쩌면 예정되어 있었는지도 모릅니다. 마치 약속이라도 한 것처럼 준비하고 있었는지도 모릅니다.

한순간 스쳐 가는 바람은 아닙니다. 스쳐 지나가는 바람이면 또 어떻습니까! 그 스침에 향기가 있고 그 흐름에 우린 벌써 한마음인 것을. 그렇게 바람이 은은하게 내 코끝을 스치고 갑니다. 어디에선가 바람과 함께 다가온 라일락꽃 향기가 나를 잡아 세웁니다.

그 꽃이 예전에는 라일락이라는 것을 몰랐습니다. 이제는 알게 된 나이라서 그 향을 음미해 봅니다. 그러고 보니 친구 집의 그 나무가 가죽나무라는 것을 알아봅니다. 감나무집과 대추나무집 그리고 우리 집은 오래된 사철나무집이었습니다. 지금에 와서 생각해 보면 그 의미가 있었다는 것을 왜 그때는 몰랐을까요?

철없던 시절이었습니다. 장난꾸러기 어린 아이였습니다. 그래서 이 길을 더 걷고 싶었는지도 모르겠습니다. 맑고 순박했던 그 어림이 더없이 그리운 가 봅니다. 단순하지 않은 나와 그때의 단순했던 나의 한순간을 마주 보는 일이 이렇게 감미로울 것이라고는 미처 생각하지 못했기 때문입니다.

이제는 이별해야 할 시간. 하지만 시간은 어디에선가 늘 존재하기에 그때의 나는 멈춤 없이 걸을 겁니다. 물론 나 또한 스스럼없이 그런 나를 발견하며 앞으로 걸어갈 겁니다. 오늘처럼 말입니다.

오늘을 걷는다는 것은 행복입니다. 오늘과 어제를 기억할 수 있다는 것은 미련이기 이전에 감격입니다. 나는 오늘도 그렇게 걸어가며 시간 여행자가 됩니다.

이 골목길이 사라지더라도 나는 그 어디쯤을 생각하며, 그즈음의 나를 생각하며 앞으로도 열심히 걸을 겁니다. 걷다가 지치면 잠시 쉬어 가는 겁니다. 그럴 때 흘러가고 있는 나의 참모습을 발견할 수 있었으면 좋겠습니다.

그때의 나인 너와 너인 나의 그 솔직함을 감춤 없이 대화할 수 있음이 좋습니다. 삶의 그리움과 앞으로 다가올 삶의 희망을 생각합니다. 시간이 멈추어 있다면 나 또한 그 멈춤에 당황할 겁니다. 하지만 시간은 멈추는 것이 아니라 쌓여가는 것이기 때문에 그 흐름에 감사합니다.

내 삶의 일부분이었던 이 건물과 골목길은 사라집니다. 그렇다고 내가 사라지는 것은 아니기 때문에 나는 내일도 걸을 겁니다. 걷다 보면 시간의 의미를 알 수도 있겠지만 어차피 시간에 순응해야 하는 주어진 시간이기에 이 시간만큼은 헛되이 흘려보낼 수는 없습니다.

오늘을 걷는 나는 삶의 의미를 향한 발걸음입니다. 그렇게 걷다 보면 오늘을 알 수 있는 날도 올 거라고 생각합니다. 나는 터벅터벅 걷고 싶지 않습니다.

이제는 발걸음에 리듬을 넣을 생각입니다. 그리고 오늘을 사랑했다고 말해야 합니다.

나는 너의 나에게 그렇게 말하고 싶습니다. 나의 너라도 이제는 상관은 없습니다.

안개가 서글프게 내리

밤안개 자욱하게 내려앉은 거리를 걷고 있습니다.

도시의 적막함 사이로 처량해 보이는 그림자의 슬픔을 가득 안으면 안개는 더 매혹적입니다. 안개는 새록새록 포근합니다. 연약하고 선이 예쁜 입술만큼이나 촉촉해 보입니다.

입을 살짝 맞추어 봅니다. 한순간 멀게 느껴지던 안개는 스르르 다가와 나의 입술을 상큼하게 달래줍니다. 나는 짙은 안개 속으로 걸어 들어갑니다. 그러면 안개는 나를 포근하게 감싸 줍니다. 도심에 안개가 피면 꽃과 같은 나름의 향기를 지니기도 합니다.

늦은 밤 자동차의 행적도 뜸한 시간, 걸어가고 있는 나와 안개는 오래된 친구처럼 다정하기도 하고 연인 같기도 합니다. 나를 일깨워 주는 호흡처럼 느껴집니다.

밤안개는 나를 향해 손짓하고, 나는 그 손짓으로 서슴없이 발걸음에 호흡을 맞춥니다. 어느 때보다도 친근감 있고 상냥하게 들려오는 발걸음 소리에 나는 절로 흥이 납니다.

나의 얼굴은 안개의 체취로 인해 촉촉하게 젖어 듭니다. 바쁜 일과를 보내고 나의 지친 몸은 안개의 포근함 속에 한결 가벼운 마음으로 안깁니다.

자판기에서 꺼낸 커피의 향기만큼이나 부드럽고 고운 안개는 마치 초원에 한가롭게 누워 있는 나를 연상하게 만듭니다. 그윽함이 가득한 밤 나는 결코 혼자가 아닙니다.

늦은 밤, 밤안개와 커피 한 잔으로 피곤이 풀린 나는 발걸음을 재촉하여야 할 이유가 없습니다. 그저 한없이 걷고 싶을 뿐입니다.

가로등도 안개에 안기며 잠시 쉬어 가는 시간, 가슴 가득 젖어 드는 안개를 호흡합니다. 바쁘게 살아오는 동안 잊고 있던 추억을 떠올리며 그 그리움 속으로 빠져듭니다.

사랑하는 그에게 전화를 걸어 같이 걷고 싶다고 말하고 싶지만 늦은 시간이라 포기하고 맙니다. 혹은 오랫동안 연락하지 못한 친구에게 안부 전화라도 하고 싶은 마음입니다.

핸드폰을 꺼내 누군가에게 문자를 보내려다가 그만 포기하고 맙니다. 안개 속의 나는 온전한 나의 시간을 만끽하고 싶기 때문입니다.

누군가를 기다리지 않아도 이미 옆에 와 같이 걷고 있는 듯한 기분이 듭니다. 이렇게 밤을 지새운다 해도 지칠 것 같지 않은 안개 속입니다. 이 순간을 변함없이 오래도록 가슴에 남기고 싶습니다.

잠시나마 정지된 시간으로 존재했으면 합니다. 그러나 그것은 나의 욕심일 따름입니다. 시계의 초침은 변함없이 흐를 테고 얼마의 시간이 흐른 뒤에는 이곳을 걷고 있던 나는 집으로 돌아가 곤한 잠을 청하고 있을 겁니다.

마지막으로 안개 속의 나를 핸드폰의 셀카로 한 장 남겨봅니다. 그리고 숨을 깊게 들이마셨다가 내쉽니다. 밤안개 속의 나를 아낌없이 슬쩍 놓아두는 겁니다.

다시 태양이 일과를 재촉할 때면 홀가분한 모습으로 일상을 걸을 수 있을 것 같습니다.

촉각을 예민하게 만드는 안개, 안개는 서늘하면서도 촉촉하게 다가오며 점점 짙어져 갑니다.

아침, 한 갈래의 작은 농로를 포함해 버린 안개의 숲 사이로 나는 몰래 숨어들었습니다. 촉촉하게 젖은 풀잎과 한 갈래의 작은 길은 변함없이 그곳에 있었지만, 이렇게 짙은 안개 속에서는 새삼 낯설지만 고맙게 느껴집니다.

안개가 모든 생명의 단잠을 일찍 깨우고 씻겨준 탓입니다.

안개가 자욱하게 내린 날이면 가슴이 설레는 것을 느낄 수 있습니다. 물안개와는 전혀 다른 내음에 저절로 깊은 한 호흡이 시작됩니다.

비록 잠시 한순간 왔다 가는 손님이기는 하지만 많은 것을 전해주는 안개는 반갑게 전해져 온 손 편지와도 같은 존재입니다.

그리고 안개는 잊혔던 기억을 되살려 주기도 합니다. 사소하지만 소소한 마음으로 모든 것을 포옹하려는 아름다움을 지니고 있기 때문입니다.

안개 속을 걷고 있자면 한순간의 작은 꿈을 지닐 수 있게 합니다. 유년 시절에나 꾸었을 그 비밀을 되새기게 만들어 줍니다.

안개와의 만남은 한 영혼의 대화와도 비슷합니다. 안개는 초췌하게 일그러져 있던 나를, 나의 삶을 일순간 살짝 흔들어 놓으며 부담 없는 대화를 늘어놓습니다.

나는 그것이 좋습니다. 부담 없이 이끌어 주는 그 소박함이 나에게 희망을 안겨 주는 것 같기도 합니다. 그렇다고 너무 많은 것을 바라는 것은 아닙니다. 살아가면서 가끔 다가와 줄 안개의 그 반가운 포옹이 좋을 뿐입니다.

풀잎과 이름 모를 꽃들, 발끝에 살짝 스치고 지나가는 생명의 기운이 느껴질수록 나에게도 활력을 제공해 줍니다.

안개의 그 거대한 호흡 속에서 사랑하는 이의 체온을 느끼듯 매혹적인 것은 그 마음이 포근하기 때문입니다. 사랑받기 이전에 사랑 먼저 베푸는 안개의 마음을 헤아려 봅니다.

안개의 그 속삭임을 어찌 미워할 수 있겠습니까?

잠시 쉬어가라는 듯 품을 내어주는 그 느림이 좋습니다. 안개는 생명을 불어넣어 주는 소박한 마음을 지니고 있습니다. 또한 사람들을 향한 포옹의 방법을 알려 주기도 합니다. 그렇지만 결코 주관적이지 않습니다.

안개의 마음을 닮고 싶습니다. 그 소박함과 촉촉함을 이끌고 싶습니다.

그리 투명하지 않으면서 유리구슬처럼 맑고 투명한 안개의 마음을 나는 이미 닮고 있으면서 알지 못했는지도 모릅니다. 그만큼 안개는 반가움으로 안겨 옵니다.

언제라도 다시 찾아와 준다면 맨발로 뛰어나가 맞이하고 싶은 반가운 사람과도 같습니다.

오늘도 안개는 변함없이 내게로 왔다가 갔습니다. 그 헤어짐이 아쉽기는 하지만 변함없이 다시 만날 약속을 합니다. 그렇기에 어느 순간 내게 찾아와 먼저 손을 내밀지 모릅니다. 몽환적인 그 만남이 나는 좋습니다.

안개가 물 위를 소리 없이 걸어갑니다. 그러며 나에게 아는 척을 해 오면 나는 살짝 손을 흔들어 줍니다. 그러면 물안개는 신이 난다는 듯이 물 위의 댄스를 선물해 줍니다.

그렇게 소리를 내지 않으면서 잘도 걸어갑니다. 아니 물 위를 흘러가는 것인지도 모릅니다. 그러나 아무리 귀를 기울여도 소리는 들리지 않고 오히려 물 위로 바람을 이끌어 옵니다.

지난밤 악몽을 꾸느라 몸이 꿉꿉해 새벽 일찍 일어나 물가에 앉아 있었습니다. 감성적인 음악을 들으며 날이 밝기만을 기다렸는데 물안개를 만나려고 그랬나 봅니다.

음악은 은은하게 흐르고 그 소리에 맞추어 물안개가 점점 더 큼지막하게 밀려옵니다. 하지만 딱 거기까지입니다. 너무 과하지도 그렇다고 너무 적지도 않게 밀려와 내 마음에 이정표를 찍어 둡니다.

앉아 있다 보면 혼자만의 여행이 그다지 외롭지도 부담스럽지도 않습니다. 오히려 오기를 잘했다고 생각하게 됩니다. 낮이면 한참 더워질 테지만 오늘도 안개를 맞이하며 더위를 걱정하지는 않습니다.

습하지도 그렇다고 덥지도 않은 지금 이 시간이 그대로 멈추었으면 합니다. 여행의 낭만은 아마도 흐르지도 멈출 것 같지도 않은 시간의 매력입니다.

그 매력에 물안개도 동참하며 잠시 그 자세 그대로 물 위에 멈춥니다.

오늘은 누군가가 올 것 같습니다. 스쳐 가는 인연이지만 그 누군가와 서슴없이 대화할 수 있을 것 같기도 합니다. 그 누군가가 내가 아는 사람이었으면 좋겠습니다.

나는 빠짐없이 물안개의 흐름과 멈춤을 휴대전화 카메라에 담습니다. 그리곤 아는 친구들에게 메시지로 동영상을 보냅니다. 그들은 아마 오지 않을 겁니다. 삶에 치여 바쁜 아침을 준비하고 있을 겁니다. 아니면 누군가는 혼자만 있는 것이 부러워 훼방 놓을 심산으로 달려올지도 모릅니다.

샘이라도 난 듯 그들은 안부 전화 한 통 걸어오지 않습니다. 그래도 나는 좋습니다.

차차 안개가 투명해지는 시간 나도 안개와의 다시 만남을 기약해 봅니다.

어쨌든 흥미로운 새벽이었습니다.

만남이 있으면 헤어짐도 있는 법입니다. 그렇게 이곳 파로호에서는 강태공이 쉬어가는 곳입니다. 강태공이 아니라도 누군가를 반갑게 맞아 줄 준비가 되어 있습니다.

저 위에서 인기척이 들려옵니다. 그 사이 물안개는 소스라치게 놀라 도망가 버리고 물가에는 음악만 잔잔하고 여유롭게 흐릅니다.

안개는 절대 서글프지 않을 겁니다. 반겨 주는 이가 있으면 언제든 다시 나타날 겁니다. 그중에는 물론 나도 있을 겁니다. 안개는 생각처럼 서글프지 않습니다. 소리 없이 다가와 나름의 여운을 남겨주고 갑니다.

내일도 다시 만날 수 있기를 바라며 나도 그만 자리에서 일어섭니다.

당신의 사랑으로 인하여

우리의 사랑을 한 권의 책으로 묶어 보겠습니다. 사랑의 아름다운 언어와 당신의 웃음처럼 화사한 표정으로 감미롭고 세련되게 표현해 보겠습니다.

열정의 단어와 소중함의 진한 향기로, 누가 읽더라도 샘이 나는 꾸밈없고 순수한 우리만의 사랑을 한 폭의 풍경처럼 정성껏 그려 넣겠습니다.

당신에게 눈먼 나를 고스란히 보여주겠습니다. 한 치의 거짓도 없이 모두 보여드리겠습니다.

당신에게 받은 구구절절한 많은 감동을 헤아리겠습니다. 내가 지쳐 거동할 수 없더라도 당신에게 전하는 한 권의 책을 포기하지는 않겠습니다.

예민한 말들과 감수성 풍부한 우리의 대화와 열정의 순간을 남기고 싶습니다. 그것은 거짓일 수 없으며 거짓되어서도 안 됩니다. 그러기 위해서 나는 올바른 생각으로 당신을 돌아보며 차근차근 마음을 다스려야 합니다.

그 책을 뒷받침으로 더욱 완전한 사랑을 이룰 수 있도록 약속하고 실천하겠습니다.

힘든 일이 생기거나 스스로를 불신하게 될 때 꺼내어 읽으며 반성할 수 있는 그러한 글을 쓰겠습니다. 그렇다고 아름답고 행복한 내용만 간추려서 쓰겠다는 말은 절대 아닙니다.

그동안 우리 싸웠던 일들과 외면하려 했던 어려운 시간을 조심스럽게 엮겠습니다.

우리 스스로가 빈약하게 여기는 감정들도 빠짐없이 적어 그 이유를 이해하고 생각할 수 있는 아름다운 명상의 자리가 되도록 하겠습니다.

그러나 큰 기대는 금물입니다. 그것은 우리의 사랑이 아직은 완전한 것이 아니기 때문입니다.

우리의 사랑은 풋내기 사랑에 지나지 않습니다. 앞으로 우리가 함께 하여야 할 시간이 많은 탓입니다.

나 또한 당신의 사랑을 모두 이해하고 있지는 못합니다. 내 생각을 당신이 다른 시선과 각도로 판단할 수 있기 때문입니다. 그로 인해 우리의 사랑이 한순간 어처구니없이 무너질 수 있다는 것도 알고 있습니다.

서툰 글솜씨로 당신의 사랑을 모두 표현하지 못할 수 있다는 노파심도 있습니다.

최선을 다하여 책이 완성되면 그 사이에 네잎클로버와 나의 사진을 책갈피로 꽂아 소중히 전하겠습니다. 책갈피로 만든 나의 사진이 못생겼다고 버리면 안 됩니다.

나는 항상 당신을 지켜보고 있을 겁니다. 당신이 나의 사랑을 잊을 수 없게 항상 당신의 곁에 있겠습니다. 닭살이 돋는다고 나 몰라라 도망쳐 버리면 더더욱 안 됩니다.

당신은 나의 콩깍지입니다.

벌써 우리는 음유시인이 된 겁니다. 그렇게 서로에게 시를 읽어주며 사랑을 키워 온 겁니다. 시간이 흘러 우리의 사랑이 무뎌질 수도 있겠지만 포기하지는 않겠습니다.

한순간 삶의 일상에 찌들어 버릴지도 모릅니다. 그때 우리 서로 손을 잡고 서로를 일으켜 세워줄 수 있어야 합니다.

서로 등을 돌리고 외면하는 낯섦으로 지금의 의미를 퇴색되지 않게 지켜갔으면 좋겠습니다. 남이라는 단어로 소중함을 잊지는 말아야 할 겁니다.

약속합니다.

당신이 감동하여 눈물 흘릴 수 있는 사랑을 쓰겠습니다. 당신에게만큼은 게으름뱅이가 되지는 않겠습니다. 당신이 감동하지 않는다 하여도 실망하지는 않겠습니다. 당신의 마음만으로도 나는 족하기 때문입니다.

내가 그 사랑을 쓰려고 하는 것은 당신의 사랑이 그 얼마나 소중한지 알기 때문입니다. 쓰지 않고는 견딜 수가 없기 때문입니다. 당신의 사랑에 대한 무게를 알고 싶었습니다. 그렇다고 당신의 사랑을 의심하는 것은 절대 아닙니다. 조금이라도 더 가까이 가고 싶은 마음입니다.

내가 당신에게 보여주는 사랑만으로는 부족하겠지 나의 진심을 당신에게 전하려 노력하겠습니다. 사랑은 늘 가슴 설레게 하는 느낌표가 있습니다. 내가 그 느낌표를 남발하지 않는 것은 아끼고 또 소중하게 간직하고 싶기 때문입니다.

당신을 만나고 들어온 날이면 당신의 사랑에 감동하여 표현할 수 없는 행복함에 잠 못 이루기도 합니다. 그럴 때면 촛불 켜놓고 마냥 설렙니다. 커피를 내려 마시며 당신의 사랑을 복기하는 것이 나의 일상에 아주 커다란 자리를 차지하고 있습니다.

그 감정을 표현하고 싶습니다. 이러한 나의 마음 당신도 이해할 거로 생각합니다. 당신도 나처럼 그러할까요? 자꾸만 궁금합니다.

마치 습관처럼 행해지는 당신과의 데이트 뒤의 나의 열정을 문득 쓰고 싶어졌습니다. 그 여운이 나를 자꾸만 당신에게 이끕니다.

안개처럼 자욱하고 진한 향기로 나를 감싸는 당신, 당신의 달콤한 시선을 그냥 넘겨버릴 수는 없습니다. 당신은 이미 나의 영혼을 소유합니다.

나를 보아주는 당신은 나의 영원한 하나입니다. 애정 가득한 당신을 내 어찌 가볍게 넘길 수 있겠습니까? 당신이 여신이라면 나는 그러한 당신을 지키는 파수꾼이 되고 싶습니다.

사랑에 너무 집착하는 것이 아니냐고 당신은 말할지 모르겠습니다. 어떻게 생각할지 모르겠지만 그것이 집착이라면 나는 우리의 사랑을 포기해야 합니다. 사랑에 있어서 집착은 결코 좋은 결과를 가져오지 못합니다. 상대를 가슴 아프게 만들 뿐이기 때문입니다.

그런 빌어먹을 스토커의 사랑은 당신도 사양할 겁니다. 물론 나 역시 그런 사랑은 하고 싶지 않을뿐더러 내가 추구하는 것 역시 아닙니다.

나의 사랑에 대한 느낌을 마음으로 표현하고 싶을 뿐입니다. 그러나 그것은 당신 몰래 나 혼자 가슴 깊이 간직하는 사랑이어야 합니다. 당신에게 부담을 줄 수 없기 때문입니다.

당신과의 만남이 지속되는 사이 많은 사랑의 표현으로 만들어진 한 권의 두꺼운 책을 당신에게 전할 수 있었으면 합니다.

그날은 당신에게 나를 내세우겠습니다. 더 지체하여야 할 이유가 없기 때문입니다.

한 사람의 모든 것이 된다는 것, 한 사람에게 고백의 의미를 소중하게 심어 줄 수 있다는 것, 참으로 큰 용기를 지니는 것입니다. 그것을 부끄러워해서는 안 됩니다.

나에게 이미 빈자리란 없습니다. 오직 당신뿐입니다. 당신의 거대한 사랑으로 나의 가슴은 점점 부풀어 갑니다. 그런 소중함을 영원히 잃지 않겠습니다.

당신과 나의 앞에 놓인 그 사랑의 촛불이 꺼지지 않도록 최선을 다해서 지키겠습니다.

나의 마음을 당신은 이미 받아들이고 있습니다. 그리고 나의 고백이 거짓이 아님을 진실로 헤아릴 수 있을 겁니다. 나도 영원히 당신을 느끼고 바라보며 살아갈 것입니다.

나에겐 오직 당신뿐입니다. 입에 발린 소리로 당신을 혼동하게 만들고 싶지는 않습니다. 당신은 그저 있는 그대로의 나를 보아주면 되는 겁니다.

이미 우리는 교감을 이루고 있습니다. 단지 그 언젠가의 시점이 중요할 뿐입니다. 하지만 그것이 나만의 생각이라면 늦더라도 꼭 말해 주어야 합니다.

나는 억지스러운 사랑은 싫습니다. 마음에도 없는 사랑은 더더욱 싫습니다.

이루어질 수 없는 사랑을 하고 싶지도 않습니다. 당신이 원치 않는다면 뒤돌아 가겠습니다. 미련스럽게 사랑을 애걸하지도 않겠습니다.

나의 착각이라면 되돌려야 합니다. 그것이 당신에 대한 나의 최선의 길이기 때문입니다. 불행 속에 당신을 그냥 내버려 두고 싶지는 않습니다.

집착은 나뿐만 아니라 당신도 병들게 할 수 있기 때문이라는 걸 나는 그 누구보다 잘 알고 있습니다.

당신을 만나기 위해 기다려 온 소중한 시간. 당신의 사랑을 받아들일 수 있기까지 나의 마음속 빈자리는 기나긴 기다림의 외로움을 달래고 있었습니다.

그러다가 당신을 발견했을 때 나는 내심 긴장하고 있었습니다. 어떻게 하면 당신의 가까이에 자리할 수 있을까? 기나긴 기다림의 시간으로도 부족했던 모양입니다. 나는 도통 당신에게 다가가는 법을 알 수가 없었습니다. 그렇게 나는 당신 주위를 겉돌 뿐 다가서지 못한 채 안절부절못하고 있었습니다. 내가 생각해도 한심한 노릇이었습니다.

좀 더 성숙하기 위해 노력한 시간은 갈피를 잡지 못한 채 내 마음을 뒤흔들고 있을 뿐이었습니다. 가까이 다가갈 엄두도 내지 못한 채 발만 동동거릴 뿐 고백할 수도 없었습니다. 당신이 나를 정신 나간 사람쯤으로 생각할 수도 있기 때문입니다.

"나를 가져가세요. 나는 송두리째 당신에게 나 자신을 빼앗기고 말았습니다. 이제 나는 당신입니다."

그렇게 억지를 부릴 수는 없었습니다. 그것은 단지 나의 마음이기 때문입니다. 사랑은 혼자서 하는 것이 아니기에 나는 많은 갈등 속에 사로잡혀 있었습니다. 그렇게 나는 자신감을 잃었고 당신 앞에 나설 수 없는 나 자신이 싫었습니다.

생각보다 누군가의 무엇이 된다는 것은 어렵고 힘든 일이었습니다. 소심한 나이기에 심지어 당신의 눈치까지 살피는 나약한 존재가 되어 버리고 말았습니다.

그러던 어느 날 먼저 말을 걸어온 것은 당신이었습니다.

"원래 그래?"
"아... 네?"
"성격 말이야? 뭐가 그렇게 어려운 거야?"

그렇게 당신이 먼저 손을 내밀었습니다. 그래도 나를 내세우는 것이 생각처럼 쉽지는 않았습니다.

"넌 항상 외로워 보이더라. 뭐가 그렇게 힘든 거니?"

당신은 마치 나를 꿰뚫듯 바라보고 있었습니다. 하지만 그것은 시작일 뿐입니다.

"친구? 아니면 연인?"
"응?"
"정하라고. 나는 질질 끄는 건 딱 질색이야."

뭐가 그리 급한 걸까요?

벌써 기다리고 있었다는 듯 나를 이끄는 그 움직임에 놀라고 말았습니다. 그리고 말라 죽은 고사목처럼 뻣뻣하게 서 있었습니다.

딱하기도 합니다. 다시 솔로는커녕 예전부터 그냥 솔로였다는 것을 들키고 마는 순간이었습니다. 어떻게 해야 할까요? 사랑은 생각했던 것만큼 쉬운 일이 아니었습니다. 남들은 자기 짝을 잘도 찾아가는데 나는 뭘까요?

저절로 한숨만 나올 뿐입니다. 부끄럽고 창피해서 더는 당신의 앞에 설 수 없을 것만 같았습니다. 나의 사랑은 해보지도 못하고 끝나는 걸까요?

이제는 당신이 먼저 나를 찾아다니기 시작했습니다. 나는 질에 겁먹고 그런 당신을 피해 다녔습니다. 이 얼마나 바보 같은 일일까요?

당신이 나를 놀리는 것 같아, 당신의 다가섬이 당황스러워 나는 한동안 당신을 피해 다녔습니다. 고기도 먹어 본 사람이 먹는다고 사랑도 해본 사람이 하는 모양입니다. 뭐든 경험해 본 사람이 좀 더 많은 것을 얻는 걸까요?

기다림이라든지, 외로움이라든지, 성숙이라는 것은 모두 헛된 말들이었습니다. 나는 준비가 되어 있지 않았던 겁니다. 마냥 소극적인 자세로 나를 외면하고 있었던 겁니다.

사랑은 그저 느낌인가 봅니다. 가까이 다가서면 그냥 알 수 있는 것. 가만히 있으면 죽도 밥도 되지 않는다는 것. 뭐 그런 것을 내가 알 리가 있었나요. 애초에 방향을 잃은 솔로였던 것을요.

책으로만 읽었던 개코같은 소리는 사랑을 쓰기에는 부족한 나열들일 뿐이라는 걸 알았습니다. 나는 다시 배워야 했습니다. 그렇지 않고는 평생 독신으로 살아가야 할 겁니다. 연애는커녕 솔로 탈출도 못할 처지였던 겁니다.

나는 손을 내민 당신에게 나의 손을 조심스럽게 내밉니다.

그 순간 느껴지는 알 수 없는 짜릿함에 심장은 걷잡을 수 없이 요동을 치고 나는 죽다가 살아난 사람처럼 바보 같은 모습을 보이고 말았습니다.

"당신이 떠난다면 나는 말릴 수가 없습니다. 당신의 선택을 나는 존중해야 하기 때문입니다. 그러나 당신을 향한 나의 사랑이 헛됨이 아니었으면 합니다."

이제 그런 턱없는 소리를 지우기 시작합니다. 오늘 써야 할 사랑을 마음껏 쓸 겁니다.

"사랑은 꿈을 꾸는 것은 아닐까요? 꿈속 말입니다."

그렇게 나는 꿈을 꾸기 시작했습니다. 그렇게 나는 조금씩 사랑을 알아갈 겁니다.

시작도 하기 전에 이별이라는 벌어지지 않은 일에 대해 고민할 필요는 없습니다. 뭐 지금이 아니면 사랑은 꿈을 꾸지도 못할 것을요. 걱정하지 않을 겁니다.

우린 그저 지금, 이 시간을 열심히 살아가면 되는 겁니다. 마음껏 사랑을 하고 나를 보여주면 되는 겁니다. 그렇게 사랑의 시작은 다가섬입니다.

다가서지 않는다면 원하지 않는 일만 벌어지고 또 그것을 그저 맥없이 지켜봐야 할 겁니다. 다시 오늘이 오면 무작정 다가갈 겁니다. 그렇게 적극적이라면 나의 오늘은 온전히 나의 것이 되는 겁니다.

잠시 잠깐 유년의 그곳에서

나의 어린 시절을 생각합니다.

아무 걱정도 의무도 없었던, 그저 밝고 건강하게 자라주면 되었던 시절이었습니다.

되돌아가고 싶어도 되돌아갈 수 없는 먼 이야기 속의 내가 있었던 나라입니다. 천진난만하고 순수했던 어린 시절 나의 모습이 그곳에 있습니다. 돌아갈 수 있다면 그보다 행복한 일은 없겠지요.

그 시절 함께 놀던 친구들은 어디에서 무엇을 하고 있을까요?

사랑하는 연인과 함께 아름다운 시간을, 혹은 벌써 가족을 만들고 아이를 키우며 달콤한 시간을 보내고 있을지도 모릅니다. 시간이 너무 많이 흘러 그들의 얼굴을 알아볼 수 있을지 모르겠습니다.

어느 날, 어느 곳에서 우연히 그 시절의 친구를 만난다면 나는 어떤 표정을 지을까요?

서먹한 표정, 반가운 표정, 무표정, 아니면 뜻밖이라는 담담한 표정. 어떠한 표정이라도 좋습니다. 어린 시절의 친구를 통해 잊고 지내던 이야기들이 새삼 행복하게 느껴질 수 있을 테니까요.

그 얼마나 행복한 일입니까?

나의 존재를 희미한 추억 속에서 찾아낼 수 있다는 것은 참으로 즐거운 일입니다. 그 나름의 감사함을 느낄 수 있을 겁니다.

그때를 회상하는 일은 후회도, 책임도, 괴로움도 존재하지 않는 낭만적인 시간입니다.

생각하면 생각할수록 그 시절의 내가 아름답게 여겨지는 것은 지금 나의 모습에 비해, 삶에 찌들고 지친 모습에 비해 그 시절 나의 모습이 소박하기 때문입니다.

점점 희미해져 가는 기억들 사이 나의 어린 시절 추억을 꺼내 보는 것은 그다지 쉬운 일은 아닙니다. 그만큼 나의 일상은 다람쥐 쳇바퀴 돌 듯 돌아갑니다.

그때의 사진이라도 있다면 더 선명하게 그때의 나를 기억해 낼 수도 있다고 생각했지만, 막상 앨범을 보면 나의 모습이 앳되고 생소한 남으로 여겨집니다.

살아가면서 삶이 만만하지 않다는 것을 알았기 때문입니다. 이제부터는 추억 속을 걸으며 나의 어린 시절을 조금씩 꺼내 볼 생각입니다.

지난날의 기억은 소중함입니다. 때로는 나 자신을 기억하고 싶지 않아 다른 누군가가 되었으면 좋겠다고 생각했습니다. 그럴 일은 없겠지만 기억 없는, 추억 없는 나를 생각하면 불안함이 먼저 앞섭니다.

나를 잊는다는 것은 상상할 수 없는 일입니다. 또한 있어서도 있을 수도 없는 일이어야 합니다. 그것은 나에 대한 회피이기 때문입니다.

많은 욕심도, 시기와 질투도, 독선과 편견도 지니지 않았던 어린 시절의 꿈은 한결 높아만 보입니다.

그때의 꿈의 크기는 짐작도 할 수 없습니다. 갈수록 나약해지는 현실이 자꾸만 싫어집니다. 그런 현실 속의 나를 밀어내고 싶어집니다.

친구들과 어울려 송사리와 개구리를 잡으며 뛰어놀던 아득히 먼 그곳으로 달려가고 싶습니다. 울창한 나무숲을 가볍게 쓸고 지나가는 바람 소리와 딱따구리의 벌레 잡는 소리, 새들의 지저귐과 졸졸졸 시냇물 흐르는 소리가 그리워집니다. 그때의 때 묻지 않은 길을 걷고 싶습니다.

나를 내세우지 않아도 되었던 그 시절의 행복과 밀회를 즐기며 나의 피곤한 몸을 잠시 쉬게 해주고 싶습니다. 하지만 그것은 희망에 불과할 따름입니다.

내 삶의 일부분이었지만 이미 지나온 그곳을 찾으려는 것은 어려운 일이기 때문입니다. 그래서 사람들은 그와 비슷한 곳으로 여행을 떠나거나 휴가를 가는 모양입니다.

뜨겁게 달아오른 아스팔트와 빽빽한 콘크리트 숲속에서는 그때의 기억을 찾을 수 없습니다. 돌아가려 해도 돌아갈 수 없는 그 길, 그것은 이제 추억으로만 기억해야 합니다. 하지만 그 어디쯤에는 분명 존재하고 있을 겁니다.

안타깝고 서글픈 일입니다.

풀피리 불며 재미나게 뛰어놀던 그곳, 노을이 지면 집집마다 밥 짓는 향기로 가득했던 곳, 그 구수한 풍경은 나의 삶 속에서 더는 찾아볼 수 없을지 모릅니다. 가능하다면 손을 뻗어 잡고 싶은 풍요로움의 시간입니다.

추억 속에서만 발견할 수 있는 흉내 낼 수 없는 그 향기를 따라 발걸음을 옮겨 봅니다. 이제는 그 향기들이 꿈같은 이야기로 간직될 뿐이지만 후각과 미각에는 여전히 희미하게 존재합니다.

초여름 마당의 우물에서 두레박으로 퍼 올린 물에 찬밥을 말아 먹으며 고추를 된장에 덥석덥석 찍어 먹던 일들은 어머니의 체취와도 같습니다.

대청마루에 앉아 부채로 더위를 식히던 그 평화로움의 시절, 그 시절로 돌아가 다시 한번 그 소박한 맛과 향기를 느낄 수 있었으면 합니다.

돌아갈 수만 있다면 얼마나 좋을까요?

이처럼 그 시절을 그리워하며 이야기할 수 있는 것은 기쁨입니다. 그 시절의 이야기는 가깝게는 나를 되돌아보게 합니다. 할아버지의 옛날이야기를 들으려 쫑긋 귀 기울이던 나를 존재하게 만듭니다.

한 번쯤 추억으로 발길을 돌려 보는 일은 메마른 나의 정서를 회복시킬 수 있습니다. 생각만 해도 마냥 신이 납니다.

추억은 또 다른 나의 보금자리입니다. 누구도 훼방할 수 없는 혼자만의 낙원이며 안식할 수 있는 여유로움의 자리입니다.

자, 이제 현실의 자리로 발걸음을 옮겨 봅니다.

지금 이 순간은 존재할 수 있는 또 다른 추억의 일부분이 될 겁니다. 내가 걸어가는 이 길이 곧 나의 삶이며 매 순간 기억해야 할 모든 것입니다.

더 이상 깊은 슬픔은 의미 없고

어떻게 하면 그와 다시금 가까워질 수 있을까 하는 생각으로 밤을 지새운 적인 셀 수 없이 많았습니다. 집착하는 밤은 자꾸만 쌓여가고 그만큼 나는 점점 시들어 나의 모습을 잃어가고 있습니다.

그를 돌이켜 보는 일은 나를 회피하는 일임을 알면서도 나는 여전히 그에 대한 생각으로 집착하다가 포기하고 또 집착하기를 반복합니다.

여전히 그를 사랑한다기보다는 아직 미련이 많이 남았다는 말이 맞을 겁니다. 나는 바보처럼 내가 아닌 그가 되어가고 있습니다. 상상도 하지 못할 일을 꾸며내며 나를 몰아세우고 있는 겁니다.

바보 같은 일임을 알면서도 쉽게 마음을 접어 들이지 못하는 것은 이별을 인정하지 않기 때문입니다. 그것을 알고 있기에 더더욱 가슴이 시립니다.

그의 존재를 내 마음에서 부정해야 한다는 결론을 내립니다. 그렇지만 그와 함께했던 시간은 아쉬움으로 가득합니다. 쉬운 사랑이 아니었기에 망설이고 또 망설입니다.

언젠가 그를 잊기 위해 떠난 여행의 후유증으로 나는 더 그에게 집착하게 되었습니다. 더 간절히 그를 생각나게 했던 여행은 차라리 떠나지 않았으면 좋았을 일이 되고 말았습니다.

어쩌면 좋습니까?

내가 왜 이미 떠나간 그를 되새겨야 하나요. 그는 나를 까맣게 잊고 있을 텐데 말입니다. 아프기 위해 아픈 것이 아니라 아프기 때문에 아프다는 걸 알았습니다.

방황과 자책의 늪에서 허덕이게 했던 그 사람을 왜 지금에 이르기까지 잊지 못하고 그리워하는지 나 자신이 원망스럽습니다. 그렇다고 그를 탓하는 것은 아닙니다.

이것이 마지막으로 떠올리는 그에 대한 생각이었으면 좋겠습니다. 하지만 그 문제에 대해서 나 자신도 단정할 수는 없습니다.

하루면 좋을 텐데. 이별의 아픔은 딱 하루였으면 좋겠습니다. 앞으로의 만남을 위해서라도 나 자신에게 매몰차야 합니다. 그런데 이렇게 시간을 의미 없이 보내는 것을 보면 이별은 결코 쉬운 일이 아닌가 봅니다.

며칠 사이 수척해진 나의 모습에서 볼 수 있는 그의 존재는 미련의 증거입니다. 그만큼 슬픈 시간과 좌절의 시간을 안겨주었으면 그만이지 왜 아직도 나를 서글프게 만드는 걸까요. 나의 이런 마음이 미워집니다.

그 긴 시간 동안의 고독과 외로움은 모두 거짓이었을까요?

나의 노력은 허사였습니다.

악몽의 순간입니다. 그때를 생각하면 이별은 그저 거짓이었습니다. 그가 다시 돌아올 것이라고 믿었습니다. 그 순간의 희망은 감쪽같이 사라지고 고통만 남았습니다.

아픔과 괴로움이 교차하는 순간 나는 깊고 어두운 낭떠러지 아래로 떨어지고 맙니다.

아무것도 보이지 않고 헛기침조차 할 수 없는 아득한 곳. 나는 사랑의 허기에 지쳐 쓰러질 듯한 현기증을 쏟아냅니다.

잠재해 있던 그의 악몽이 되살아나 나를 또다시 옭아맵니다.

나는 한없이 울다가 울음에 지쳐 짙은 어둠 속에서 잠이 들고 맙니다. 그러나 그는 다시 내게로 와 꿈속에서조차 음산한 유혹의 눈길을 만들어 냅니다.

나는 그로 인해 망가졌습니다. 아니 나 스스로 망가져 가고 있습니다. 나에게는 좌절만 가득할 뿐입니다.

벗어나려 해도 벗어날 수 없는 그곳. 사방이 밀폐되어 오도 가도 못하는 공간에서 나는 울고 또 웁니다. 모든 것이 내가 만들어 낸 허상임을 알고 있으면서도 나는 스스로 버틸 수 없을 것만 같습니다.

아! 이곳에서 벗어날 수만 있다면.

정신은 혼미해지고 나는 점점 쇠약해져 갑니다. 그러나 멀리서 한 줄기의 작은 빛이 쏟아져 들어옵니다. 그리고 문이 열립니다.

도망칠 수 있는 절호의 기회입니다. 동시에 나는 그곳을 후다닥 빠져나옵니다. 그가 다시금 발목을 잡을지도 모르기 때문입니다.

사랑이 무섭습니다. 다시는 사랑을 하고 싶지 않습니다. 혹독하게 실연의 아픔을 겪은 다른 사람들의 마음도 나와 같을까요?

사랑이 무서운 것은 이별 때문입니다. 사랑이라는 단어에는 이별이란 단어도 포함하고 있기 때문입니다. 나는 당분간 사랑을 하지 못할 겁니다. 실연의 상처에 익숙해지기까지 긴 시간이 걸릴 겁니다.

이제 더 이상의 깊은 슬픔은 돌이키고 싶지 않습니다.

오랜만에 창문을 열어보니 벌써 겨울이 성큼 다가와 있었습니다. 난방을 해도 춥게 느껴지는 것은 몸이 아니라 마음이 춥기 때문이고 아프기 때문입니다.

그와 함께했던 시간은 의미를 잃고 말았습니다. 더는 돌이킬 수 없는 일이 되어버리고 말았습니다. 상처는 아물다가 다시 덧나기를 반복합니다. 그런 내가 싫고 미워서 자꾸만 마음이 불편해집니다. 그러면서도 나는 그의 생각을 하며 어이없이 시간 속을 걷습니다.

그는 무엇을 하고 있을까?

이 시간 그는 곤한 잠을 자고 있을 겁니다. 달콤한 사랑의 꿈을 꾸고 있을 겁니다. 내 생각은 벌써 까맣게 잊어버리고, 나의 존재란 있지도 않았던 사람처럼 망각해 버리고 아무렇지 않게 평온한 시간을 맞이하고 있을 겁니다.

바보 같은 사람. 아니 바보 같은 사람은 나 자신입니다. 그런 그를 잊지 못하고 망설이고 있으니 말입니다. 내가 탓해야 할 사람은 그가 아닌 바로 나 자신입니다.

오늘 같은 날은 그의 생각이 간절합니다.

골목길 어귀에서 들려오는 발걸음 소리. 혹시 그의 발걸음은 아닐지 하는 마음에 창문을 살짝 열어 봅니다.

다시 실망하고 맙니다.

나의 싸늘한 마음 따듯하게 녹여줄 사람 없나요? 하지만 준비도 되지 않은 나를 그 누가 거들떠보기나 할까요? 더없이 사그라진 나를 누가 쳐다보기나 할까요?

슬픔 자체는 무의미의 산물입니다. 그 무의미를 자책의 늪으로 던져버릴 필요는 없습니다. 한참 슬퍼하고, 한참 미련스럽게 울고불고했으면 됐습니다.

더 이상의 슬픔은 만들지 말아야 합니다. 나의 일부분이 될 그 누군가가 나에겐 필요합니다. 하지만 이제는 사람 만나는 것이 망설여지고 부담스럽습니다.

모두 그의 탓은 아닙니다.

알고 보면 내 탓도 있습니다.

나를 슬픔에서 꺼내 줄 사람. 아픔의 상처를 치유해 줄 수 있고 경쾌한 목소리와 언어로 사랑한다고 말해줄 수 있는 사람이 내게는 필요합니다.

어찌 보면 나는 노력을 하지 않았습니다. 누군가가 나에게 다가와 주기만을 기다렸을 뿐 그 누군가를 찾아 나서려 하지 않았습니다.

아무 일도 하지 않았으면서 많은 것을 바랐고 또 요행이 벌어질지 모른다고 생각했습니다. 그렇게 나를 숨겨 왔습니다. 마음과 마음으로 상대와 이야기하며 진실과 진실로 시선을 맞출 수 있는 그런 사람이 되어야 하는데 나는 나 자신을 숨기기만 했습니다.

추운 것은 당연한 일입니다. 아니 얼어 죽지 않은 것만도 다행입니다.

이별이 무슨 자랑이라고 그렇게까지 떠들썩했는지. 부질없는 시간만 내 곁에 남아 있었습니다. 이별했다고 징징거리기만 했지 스스로 성숙해지는 법을 잊고 있었습니다. 보기만 해도 나약하고 초라한 나의 모습을 거울에서 발견합니다.

"도대체 왜 사니? 바보, 멍청이!"

나는 마음이 악한 사람을 만나야 합니다. 아직도 정신을 못 차리고 있으니 말입니다. 정작 있어야 할 곳을 외면한 채 나 아닌 나이기를 바라는 것은 아주 못된 버릇입니다. 나는 그렇게 서슴없이 나를 버려왔던 것입니다.

슬픔은 슬픔만을, 기쁨은 기쁨만을 만들지는 않습니다. 한 번의 이별로 초라해 보이지 않았으면 좋겠습니다.

이제 내가 해야 할 일은 저당 잡힌 행복을 되도록 빨리 되찾아 오는 것입니다. 그것은 시간이 해결해 줄 일이 아닙니다. 내가 먼저 일어서서 다가갈 수 있을 때 비로소 이루어지는 것입니다.

연애는 결코 장난이 아님을 알지만

사랑은 누구의 부추김도 아니어야 하고 호기심 또한 아니어야 합니다. 자신의 선택과 의지로 실현되는 이야기여야 합니다.

연애는 황홀한 착각이 아닙니다. 연애는 그리움의 대상으로부터 다가옵니다. 그리고 사랑은 다가서는 것으로부터 시작됩니다. 아무 일도 하지 않고 바라만 봐서는 성과를 얻을 수 없습니다.

두 사람이 존재하는 시간, 그 시간 속에서 사랑의 조건이 갖추어집니다. 사랑은 마주침의 연속입니다.

현실에서 도피하기 위함이 아닌 현실 속에 존재하기 위해 사랑을 선택하는 것입니다. 사랑의 도피 같은 것은 존재하지 않습니다. 만약 당신이 그러한 생각으로 사랑을 시도하려 한다면 늦기 전에 포기하는 것이 나을 겁니다.

사랑은 일회용 도구가 아닙니다. 더더욱 간편식도 아닙니다. 사랑에는 진실이 있어야 합니다. 상대에 대한 믿음 또한 필요합니다. 당신이 상대를 믿지 못한다면 그것은 사랑에 대한 착각의 기준이 됩니다. 그리고 잘못된 길로 부추기는 상황을 만들게 될 겁니다. 그 사랑은 돌이킬 수 없는 파국으로 진행될 뿐입니다.

한 사람과 또 다른 인격체의 만남이어야 합니다. 그리고 서로 동등한 위치에서 비롯되어야 합니다. 동등하지 않고서는 사랑의 감정을 느낄 수 없습니다. 그렇게 이성과 이성의 혼합된 결정체여야 합니다.

사랑은 그러한 결정체를 중심적으로 성립된 하나의 정신적 산물입니다.

자신을 강하게 내세우며 고집하기보다는 상대의 관점에서 배려할 수 있는 여유로움을 지녀야 합니다. 상대는 자신에게 주어진 도구가 아닙니다. 이성을 지닌 동등한 존재입니다. 그만큼 상대를 아낄 수 있어야 합니다.

상대를 무시하거나 자신의 위치보다 낮추어 판단해서는 안 됩니다. 그런 잘못된 생각은 진실을 부정하는 것이며 사랑을 편견으로 내모는 것입니다. 오만과 편견으로 일그러진 그런 상대를 감싸줄 필요는 없습니다.

당신이 그러한 사람과 만난다면 그 사랑은 빨리 포기하는 것이 좋습니다. 그것은 사랑을 가장한 폭력이기 때문입니다. 당신은 결국 그 폭력에 굴복하게 될 겁니다. 상대는 변하지 않을 겁니다. 또한 당신을 포기하려 하지도 않을 겁니다.

사랑은 열병이 아닙니다. 사랑은 하나가 되어가는 과정입니다. 과대한 포장은 삼가는 것이 맞습니다. 열병은 곧 나을 테지만 항상 대가를 바라고 그 대가가 이루어지지 않을 때 아픔을 가져다줍니다.

그것으로 비롯되어 상처를 만들고 결국 자신을 회피하려 할지도 모릅니다. 열병과 착각에 사로잡혀 사랑에 점점 굶주리게 될 겁니다. 돌이킬 수 없는 불행을 자초하게 될 겁니다. 사랑을 육체적 관계의 도구로 생각하는 사람은 황홀한 착각을 얼버무리며 살아가는 가치 없는 추악한 존재가 될 것입니다.

그 무엇보다 동등한 위치에서 상대를 배려할 줄 알아야 합니다. 사랑을 이상보다는 현실로 판단하거나 받아들이는 것이 올바릅니다. 그래야만 진정한 사랑을 추구할 수 있는 지름길을 찾을 수 있을 겁니다.

그리고 사랑을 이용하거나 속여서는 안 됩니다. 사랑은 생각처럼 수시로 찾아오지 않습니다. 그만큼 사랑은 인생의 귀중한 선물입니다. 기회를 놓쳐버리고 영영 혼자인 채 이 넓은 세상을 살아가게 될지도 모르니 조심해야 합니다.

사람은 누구나 존재 이유가 있습니다. 그러기에 상대를 가볍게 생각하지 말고 깊고 넓게 받아들여야 합니다. 그렇지 않는다면 당신 존재의 의미도 퇴락하고 말 겁니다.

사랑의 가치를 얕잡아 보지 마세요. 사랑은 쉽고도 어렵고 어렵다가도 쉬운 것입니다. 서로를 진실하게 바라보면 알 수 있을 겁니다.

입에 발린 소리로 사랑을 운운하거나 상대를 속박하려 하지는 마세요. 그러다가 언젠가는 큰코다치고 말 겁니다. 사랑 앞에서는 그 어느 때보다도 조심스럽고 신중해야 합니다. 준비되지 않은 사랑으로 서로를 망쳐서는 안 됩니다.

이유 없는 사랑의 파기는 존재 가치의 부정일 수도 있습니다.

영화에서나 혹은 소설 속, 아니면 드라마 속에 등장하는 연인의 사랑은 현실이 아닙니다. 그것은 그저 사랑을 흉내 낸 픽션에 지나지 않습니다. 대리 만족일 뿐이며 무의미의 실체입니다.

그것을 동경하고 이상을 추구하려 하는 사람에겐 사랑이란 결국 허무하게 존재할 것입니다. 사랑은 꾸밈이 없어야 합니다. 있는 그대로 상대를 받아들이지 않고서 사랑은 완성될 수 없습니다.

젊은 날을 그렇게 허황하게 보내야 할 이유는 없습니다. 소박한 일상에서 서로 의지하며 뒷받침될 수 있는 한 사람의 상대를 찾는 것이 사랑의 본질입니다. 서로 아껴주고 자신의 마음을 보여줄 수 있어야 합니다. 사랑의 의미를 변질시켜서는 안 됩니다.

서로를 바라보는 것만으로도 사랑을 증명할 수 있어야 합니다. 옆에 있다는 것만으로도 사랑을 충분히 확인 할 수 있어야 합니다.

서로 싸우기도 하면서 때로는 상대의 아픔을 함께 나눌 수 있는 그런 사랑이어야 합니다. 더 많은 것을 바라지는 마세요. 그렇다고 기대하지 말라는 것은 아닙니다. 사랑의 감정은 미묘함을 지니고 있습니다. 말하지 않아도 벌써 서로의 가슴에 하나의 불씨를 품고 있었을 겁니다.

사랑은 일상에 나타나는 즐거움입니다. 때로는 그 상황을 착각하여 자신을 부정하는 행위도 있을 수 있습니다. 하지만 그것은 자신에게서 비롯된 욕심의 일부분일 뿐입니다. 사랑을 하게 되면 욕심쟁이가 되곤 합니다.

서로에게 많은 관심을 기울이고 있다는 것, 서로의 눈빛이 잠시도 딴 척 부릴 수 없게 서로가 컨트롤하는 것, 잠시 옆에 없어도 보고 싶고 하루라도 목소리를 듣지 않으면 못 견딜 것 같은 기분은 전형적인 감염 증상입니다. 이것이 황홀하고 소중한 순간이라고는 하지만 잠시 착각을 불러일으킬 수도 있습니다. 그만큼 사랑은 조심스러워야 합니다.

사랑은 소소합니다. 자신에게 주어진 즐거움과 감격을 한껏 누려보는 겁니다. 하지만 그보다 더한 욕심은 금물입니다. 욕심을 부릴수록 상대에게 집착하게 될 수 있습니다. 그 집착은 곧 이별을 향한 전주곡이 될 수도 있습니다.

시간이 흐르면서 사랑의 무뎌짐을 탓하는 경우도 있습니다. 사랑이 식었다는 둥, 성격이 맞지 않아 벌어진 싸움이라는 둥 핑계를 대지는 마세요. 그것은 아주 비겁하고 치졸한 변명에 지나지 않습니다.

스스로 사랑을 외면하는 장본인이 되어서는 안 됩니다. 사랑이 걷잡을 수 없이 커지다 보면 사소한 것에 대한 시각의 변화를 느끼게 됩니다. 그러다 보면 아무 일도 아닌데 서로에게 상처를 주고 입힐 수도 있습니다.

자신의 철없는 착각으로 인하여 다가올 상처를 생각해 본 적이 있습니까? 연인들은 한 번쯤 그러한 생각을 하곤 합니다. 하지만 대부분의 연인은 그 상황에 당황하지 않고 슬기롭게 대처해 나갑니다.

환상에 빠져 있어서는 안 됩니다. 또한 사랑을 가볍게 생각해서도 안 됩니다.

사랑을 대수롭지 않게 생각하는 당신, 사랑을 성취할 용기도 없으면서 상대를 비난하고 자신의 관점에 맞추어 상대를 아래로 판단하는 당신, 실없는 말장난쯤으로 상대를 현혹하려는 미련한 당신, 자신을 사랑 앞에 정면으로 보이려 하지 않는 당신은 스스로 거짓된 길을 가는 것을 알면서도 바로잡으려 하지 않습니다. 그러한 당신은 앞으로도 진정한 사랑의 기쁨을 느끼지 못할 겁니다.

사랑은 올바른 시각으로 마주하고 바라보아야만 진정 이루어질 수 있는 것입니다.

사랑을 모독하려 하지 마세요.

사랑은 어느 한쪽만의 소유가 될 수 없는 것입니다. 만약 그렇지 않다고 생각한다면 당신은 오만과 편견으로 사랑 앞에서 처참하게 삐뚤어지고 말 겁니다.

한 사람을 선택하고 사랑하는 것은 서로의 동의가 있어야 합니다. 그리고 또 믿음이 있어야 하고 필수적으로 존중할 줄 알아야 합니다.

상대를 존중하지 않는다면 당신의 인생에 사랑은 존재하지 않을 겁니다. 온갖 입발림으로 상대의 마음을 얻으려는 것은 존중하기 이전에 자신을 감추는 것입니다. 감춘다는 것은 거짓을 의미합니다. 모든 것이 온통 거짓인 당신은 심심풀이 땅콩의 인생을 살아가는 사람이 되고 말 겁니다.

착각했었다고요. 착각도 착각 나름입니다. 착각이라는 단어를 빌미로 상대를 희롱하려는 것은 아닌가요? 대처할 자신이 없기 때문에 변명을 늘어놓는 것은 아닌가요? 상대를 이용해 한 번쯤 근사한 사랑을 경험 삼으려던 것은 아닙니까?

사랑을 빌미로 자신만의 욕심을 배부르게 채우려 한다면 그것은 이성을 지닌 인간으로서 할 짓이 아닙니다. 당신은 정말로 당신 자신을 착각하고 있는 겁니다. 스스로 자신이기를 부정하고 있는 겁니다. 그러기에 당신은 사랑하기 이전에 자신의 가치를 이해하고 깨달아야 합니다.

사랑은 황홀한 착각이어서도 거짓이어서도 안 됩니다.

사랑은 두 사람이 하나가 되기 위한 약속입니다.

육체적인 관계만을 추구하려 하는 당신은 평범한 진리조차 외면하는 잔악성을 지닌 속물에 지나지 않습니다. 향응과 향락에 취해 자신의 위치를 잊은 성적 노예에 불과할 따름입니다. 그런 자신을 인정하지 않는다면 당신은 그 어떤 선택도 거짓으로 포장하고 말 것입니다.

아직 늦지는 않았습니다. 자신과 상대를 위해서라도 스스로 물러설 줄 알아야 합니다. 성적 노리개로 상대를 생각했다면 더 비참해지기 전에 서둘러 포기하세요. 조금이라도 상대를 위한다면 더는 아픔을 주어서는 안 됩니다.

서로의 느낌과 바람으로부터 사랑에 이르기까지 그리고 사랑하는 동안에도 서로의 행동이 거짓이 아님을 인식해야 합니다. 진실한 만남이라는 것을 소홀하게 여기지 말아야 합니다.

소유의 집념만으로 상대를 생각한다면 그것은 불행을 초래하는 일이 될 겁니다. 거짓은 변함없이 거짓이 되고 진실은 여전히 진실이 되고 맙니다. 거짓으로 사랑을 만들려는 환상은 분명히 깨지고 말 겁니다. 절대 마음속에서부터 솟아나는 그리움의 실체가 될 수 없습니다.

한순간 정열을 불태우기 위한 착각일 뿐입니다. 훗날 자신을 돌이켜 보면 분명 이십 대 젊음의 표상을 괴로움의 시간이라며 후회하게 될 겁니다.

왜 알지 못합니까?
왜 자신을 속이려고 합니까?
상대에게 싫증을 느꼈기 때문입니까?
아니면 사랑이 시시해졌기 때문입니까?

사랑을 거짓으로 오용해 상대를 처참히 짓밟으려는 당신은 왜 자신이 남에게 짓밟힐 수도 있다는 생각은 하지 못합니까? 닥쳐봐야 알까요? 당해봐야 알까요?

황홀한 착각을 추구한다면 그것은 곧 거짓의 전유물이 될 겁니다. 계획된 착각이라면 용서 받을 수 없는 범죄를 저지르는 것입니다. 그렇게 된다면 다시는 자신의 존재를 소중히 여기지 못할 것이고 돌이킬 수 없을 겁니다. 어둠 속의 나날을 보내게 될 것입니다. 그 속에서 변함없이 반복적으로 자신을 속이고 또 속일 겁니다.

사랑은 결코 한순간의 착각일 수 없습니다.

또 다른 사랑은 다가오고

언제까지 당신을 생각하며 자책하고 나약하게 나를 감출 수만은 없습니다. 당신이 나의 곁을, 나의 사랑을 외면한 것만으로 족합니다. 당신의 의미를 돌이켜야 할 이유는 없습니다.

고독의 늪에서 허우적거리는 나의 모습이면 족합니다. 당신은 되도록 나의 곁에서 멀리 떠나버리세요. 당신이 원한 이별인 만큼 나의 마음을 편안하게 해 주세요.

당신이 나의 곁 가까이 자리 잡고 있다는 것으로도 나는 내 자신이 불행하게 여겨집니다. 나의 생을, 나의 존재를 모두 포기하고 싶은 심정입니다.

더 이상 나의 곁에서 맴도는 것을 용납하지는 않겠습니다. 외로움 속에서 견딜 수 없는, 살갗이 찢어지는 듯한 아픔을 당신은 느껴보지 못했을 겁니다.

왜 나만 고통스러워야 하는 겁니까? 사랑은 둘이 했으면서 왜 한 사람만 고통스러워야 하는 건가요?

오랜 시간 서로를 이해할 수 있을 거라, 감싸줄 수 있을 거라 다짐했던 믿음의 순간은 오류였습니다. 우리가 쌓아온 것은 이제 와 생각해 보면 절망뿐이었습니다. 진실이라 믿었던 그 사랑이란 단어는 결국 거짓이었습니다.

살기 힘든 세상에서 서로에게 위안을 주지 못할망정 서로의 가슴을 갈기갈기 찢어놓은 겁니다. 우리가 말하던 사랑은 진실의 문턱을 넘지 못한 헛된 욕망과 거짓뿐이었습니다.

당신을 혐오합니다. 그리고 나 또한 혐오스러울 따름입니다. 나 자신을 간수하지 못한 죗값입니다. 이별을 생각하지 못한 나의 잘못입니다.

서러워 잠 못 이루는 밤이면 가슴에서 뜨겁게 달아오르는 서글픔을 참지 못하고 밤새도록 울다가 새벽녘이 되어서 겨우 잠이 들곤 합니다.

나의 삶에서 더는 리듬이란 것을 찾아볼 수 없습니다.

하루하루 살아가는 것이 힘겨워 서럽고 안타까울 따름입니다. 그 설움의 복받침을 꾹꾹 삼키다 보면 숨이 막힐 지경입니다. 나 자신을 비관하며 울먹일 때 또한 한두 번이 아닙니다. 그러나 당신에게 이러한 모습을 보일 수는 없습니다.

당신이 생각하기에 사랑을 구걸하는 사람으로 보일까 봐 나는 그것이 더더욱 서러운 것입니다. 당신이 아니더라도 나의 사랑을 진실로 이해해 줄 사람이 어딘가에 있을 겁니다.

나는 이 순간 이별의 아픔을 그 자체로 받아들이며 꾸역꾸역 씹어 삼킬 겁니다. 진정으로 사랑의 진실을 이해할 수 있을 때까지 아프겠습니다. 그리고 그 극복의 순간 더 이상 아픔은 간직하지 않겠습니다.

나는 나의 입장에서 당신을 사랑했습니다. 어쩌면 그것이 우리의 사랑을 이루어질 수 없는 인연으로 묶어 놓았는지도 모릅니다.

그러나 후회는 없습니다. 당신과의 사랑을 결코 거짓으로 표현하고 싶지 않기 때문입니다.

한순간 당신을 비난하고 원망도 했지만, 그것이 부질없는 일이라는 것을 깨달았기 때문입니다. 이제 조금은 알 수 있을 것 같기도 합니다.

나에게서 당신은 그저 가벼운 당신으로만 존재합니다. 그 이상도 이하도 아닙니다. 그렇다고 부정하지도 않겠습니다. 그래야 할 이유가 없기 때문입니다. 당신을 나와 결부시켜 생각해야 할 필요가 없기 때문입니다. 또 그래서는 안 된다는 것을 알기 때문입니다.

잠깐 당신의 사랑으로 편안하고 아름답게 보였던 나의 모습은 추억의 한순간으로 기억하겠습니다. 그렇게 시간이 흐르다 보면 희미해질 겁니다.

더 이상 왈가왈부한다면 나 자신만 초라하고 구차하게 여겨질 겁니다.

가야 할 사람은 빨리 가세요. 보내야 할 사람 빨리 보내드릴 테니 말입니다.

당신의 젊음이 축복받길 기원합니다. 당신도 나에게서 터무니없는 욕심을 부리지는 마세요. 실연의 상처를 짊어질 사람은 나 혼자로 족합니다.

나는 절망하지 않을 겁니다.

이미 떠난 사람 먼 곳에서나마 편안하게 만들어 줄 겁니다. 그리고 나를 불쌍하게 여긴다거나 가엾게 생각하지는 말아주세요. 나는 당신보다 더 행복한 삶과 사랑을 꿈꿀 테니 말입니다.

내가 이렇게 쉽게 무너질 거로 생각하나요? 그랬다면 아마 애초에 사랑 따윈 하지 않았을 겁니다.

당신에게 나의 사랑을 사기당한 기분이 들기도 하지만 당신의 사랑이 가벼웠다는 것에 더 위안을 받았습니다. 어쩌면 한없이 오만했던 당신, 그 오만은 당신이 올바르지 못한 사랑 관념을 지니고 있는 사람이라는 것을 대변하는 말이기도 합니다. 그 말은 역시 나에게도 해당하는 말입니다. 그 누구를 탓할 수 있겠습니까?

당신은 후회하지 않습니다. 그래서 참 다행입니다. 만약 당신이 후회하고 절망 속을 걷고 있었다면 나는 더 불편했을 겁니다.

내가 당신을 내 나름의 편견으로 판단해야 할 이유는 없습니다. 어찌 됐든 당신의 사랑을 바라는 그 상대가 판단해야 할 문제이기 때문입니다. 내가 만약 나의 입장에서 당신을 사랑한 것이 아니라 당신의 입장에서 사랑을 했더라면 문제는 달라졌을 테지요.

하지만 때는 이미 늦었습니다.

나는 당신과의 실연을 사랑을 하기 위한 일종의 과도기라고 생각합니다. 사랑을 준비하는 단계 말입니다.

그동안 행복했습니다. 하지만 그 행복이 이렇게 지울 수 없는 악몽이 되리라고는 생각지도 못했습니다. 하지만 후회란 있을 수 없는 일입니다.

이번에는 당신의 사랑이 실패하지 않기를 바랍니다. 나도 절대 실패하지 않을 겁니다. 어쩌면 당신은 내 사랑을 곁눈질하며 후회하게 될 겁니다.

그에게 당신의 모든 것을 고스란히 보여주었습니다. 손톱만큼의 거짓도 없이 모두 주었습니다.

그와의 만남으로 인해 사랑의 감정을 느끼는 순간 상처를 받더라도 아낌없이 전해 주리라 생각했습니다. 비록 이루어질 수 없는 서로의 속삭임이라 할지라도 후회 없이 모든 것을 간직하리라 마음먹었습니다.

그렇지만 막상 실연의 상처가 주어진 지금에 당신의 생각이 착각이었다는 것을 깨달았습니다. 실연의 상처는 걷잡을 수 없이 당신을 수렁 속으로 몰아가고 있습니다.

만일 좀 더 빨리 실연의 상처가 그러한 아픔을 동반한다는 것을 깨달았더라면 당신의 젊음은 이처럼 안타깝지 않았을 겁니다.

그러나 한 번쯤은 겪어야 할 아픔이기에 그것이 늦게 왔든 빨리 왔든 간에 마음 굳게 먹고 싸워 이겨내야 합니다.

소중한 경험을 했다고 생각해야 합니다.

그 경험으로 인하여 자아를 성숙시키고 아픔에서 벗어나야 합니다. 자신과의 그 지난한 싸움을 이겨내야 합니다. 또다시 그러한 과오를 저지르지 않기 위해서, 슬픔을 간직하지 않기 위해서라면 당연히 감수해야 할 일들입니다.

실연으로 자신을 자책해서는 안 됩니다. 실연은 또 하나의 사랑을 간직하기 위한 과도기라는 것을 깨달아야 합니다.

그리고 명심하세요. 당신의 사랑이 되기 이전에 너무 많은 것을 보여주지 마세요. 당신의 사랑이 일방적으로 평가 받아야 할 이유는 없습니다. 조급하게 서두를 필요 또한 없습니다. 잠시 관망하는 자세도 때로는 필요합니다.

이제는 충동적으로 상대를 받아들이거나 다가가서는 안 됩니다. 상대의 됨됨이와 행동 그리고 마음 씀씀이를 판단한 후에 당신의 마음을 보여주어도 늦지는 않습니다.

당신의 판단이 섰을 때 당신의 모든 것을 아낌없이 주어도 상대는 당신을 탓하지 않을 겁니다. 당신의 사랑을 서두름 없이 느긋하게 기다려 줄 겁니다. 그리고 상대도 그런 당신에게 자신을 보여주며 흥미를 느낄 겁니다.

물론 시간은 기다려 주지 않습니다. 그렇다고 성급할 필요는 없습니다. 지금의 자신을 깨달아야 합니다. 자학하지 말고 자책하지 마세요. 또한 너무 슬퍼하지도 마세요. 자신을 비관한들 누가 당신을 이해해 줄 수 있겠습니까.

누가 당신을 감싸주고 보호해 주겠습니까?

당신은 혼자입니다. 혼자여야 상처가 더 쉽게 아물 겁니다. 믿을 사람은 당신 자신밖에 없습니다. 당신이 스스로를 책임지지 못하고 회피하려 한다면 더 이상 당신에게 사랑과 행복은 주어지지 않을 겁니다.

당신을 대신해 줄 사람은 없습니다. 당신은 오로지 당신일 뿐입니다. 그 모든 것을 겪고 이겨내야 할 당신이기에 스스로를 올바르게 바라보아야 합니다. 실연은 그러한 의미에서 많은 것을 생각하게 합니다.

너의 나에게 그리고 나의 너에게

나 자신을 원망합니다. 아니 원망할 수밖에 없습니다. 허약한 나의 모습이 너무도 부끄럽게 여겨집니다. 적어도 당신의 앞에선 그래야 합니다.

내가 당신에게 해줄 수 있는 것은 아무것도 없습니다. 사랑을 빌미로 당신에게 족쇄를 채웠을 뿐 나는 당신에게 무기력한 사람입니다.

당신의 열렬한 사랑의 시선을 한 몸에 받고 싶어 간절하게 소망했던 순간들, 그때는 사랑에 급급한 철없던 어린 시절이었습니다.

사랑만을 이야기 하고, 사랑만을 입으며, 사랑만 먹고 살 수 있을 거라 착각하고 있었습니다. 오직 감정에만 집착했던 시간이었습니다.

현실의 테두리 속에서의 사랑이란 그렇게 가벼운 이야기가 아니었습니다. 생각처럼 쉬운 일이 아님을 알게 되는 순간 당황하게 되었습니다.

속절없이 가슴만 애태우며 힘겨워하는 사이, 당신 곁에 서 있는 나의 모습은 매우 초라했습니다. 또한 나는 빈약하고 나약하게 보였습니다. 당신에게 내세울 것 없는 나는 어쩌면 사랑을 대수롭지 않게 생각했던 것 같습니다.

어쩌면 당신에게 동정을 받고 싶었는지도 모릅니다. 그 동정으로 현실을 도피하고 있었는지도 모르겠습니다. 나를 내세우기보다 당신의 그늘에 꼭꼭 숨어 삶을 방관하려 했는지도 모릅니다. 사랑이라고 포장하며 말입니다.

당신이 나에게 베푼 그 사랑의 의미도 모른 채, 당신의 마음을 헤아리지 못한 채 정신적으로 나른하게 병들어 있는 나의 모습을 마주할 자신이 없었습니다.

내 자신의 무한한 가능성을 스스로 축소하고 있었던 겁니다. 노력도 하지도 않고 대가만을 바라는 나의 바보 같은 환상은 이제 끝내야 합니다.

하지만 스스로 파멸의 길로, 헤어 나오지 못할 속절없는 시간 속으로 무기력하게 나 자신을 내동댕이칠 수는 없습니다. 이 순간 당신이 나를 원망하는 것은 당연한 일입니다.

당신의 사랑을 잃지 않기 위해 내가 해야 할 최상의 방법은 노력입니다. 최소한의 방법 또한 노력입니다. 선택의 여지가 없음을 압니다.

노력을 회피한다면 나는 사랑을 소유할 수 없는, 가치를 상실한 절망의 존재 밖에 되지 못할 겁니다.

연약한 모습으로 당신에게 더 이상 충격을 주고 싶지는 않습니다. 당신의 아픔은 곧 나의 아픔입니다. 그래서 속이 상합니다.

방관하고 있는 나의 모습을 보며 당신은 불신할 겁니다. 잘못된 사랑이라 평가할지도 모릅니다. 나란 존재에게 송두리째 빼앗긴 당신 자신이 원망스럽게 느껴질 겁니다. 그렇게 당신을 난처한 입장으로 치닫게 할 수는 없습니다.

나는 최선을 다해 당신 앞에 나서야 합니다. 당신을 향한 나의 마음을 보여주어야 합니다.

아직 늦지 않았음을 압니다.

나약한 나의 모습을 당신에게 보일 수는 없습니다. 나의 소중한 일부분인 당신, 그러한 당신에게 아픔을 줄 수는 없습니다. 나는 당신에게 상처를 주거나 당신이 안절부절못하게 만들고 싶지는 않습니다.

잠시 당신의 곁을 떠나 혼자만의 고독 속에서 지혜로운 방법과 나의 신념을 일으켜 세울 수 있는 용기를 찾아오겠습니다. 이러한 나를 당신은 마음 편하게 보내 주어야 합니다. 더는 당신을 불행의 길로 끌어들일 수는 없습니다. 이러한 나의 마음 이해해 주었으면 합니다.

내가 지금 떠나려는 길은 결코 쉬운 길은 아닐 겁니다. 좌절과 실의의 나날로 나를 포기하고 싶을 때도 있을 겁니다. 그때 당신은 나에게 용기를 전해 주세요.

당신에 대한 나의 의지와 신념으로 나는 다시 일어설 겁니다. 그 어떤 상황도 나를 환영하거나 갈채를 보내지 않을 것을 압니다. 그래서 회피하거나 도망치지 않을 생각입니다. 정면으로 부딪쳐 나 자신을 일깨울 겁니다. 당신을 위한다면 꼭 그래야 합니다.

나는 이 상황을 극복하여 의미 없이 보낸 시절을 충분히 보충하고 단련하여 당신에게 되돌아갈 수 있도록 노력하겠습니다. 그것은 나의 의지에서 시작된 것입니다.

그리하여 나 자신을 내세울 수 있을 때 건강한 모습으로 당신에게 달려가겠습니다. 당신이 안도하며 쉴 수 있는 아늑하고 포근한 보금자리가 되겠습니다.

발이 부르트고 땀을 많이 흘려 탈진하더라도 나는 절대 포기할 수 없습니다. 그 상황을 나는 견뎌내야 하고 또 버텨야 합니다.

당신 곁으로 당당하게 되돌아갈 그날만을 기다리며, 그 행복의 날을 꿈꾸며 최선을 다하겠습니다. 포기란 있을 수 없습니다. 나에게는 그 누구보다도 소중한 당신이 있기 때문입니다.

그 길을 포기한다면 당신을 포기한다는 말과 같습니다. 내가 치러야 할 운명의 시험입니다. 결코 회피할 수 없는 현실입니다.

나를 내세울 수 있을 때 당신 곁으로 돌아가겠습니다. 기다려 주십시오. 그렇다고 당신에게 막연한 기다림을 원하는 것은 아닙니다. 나는 당신 곁으로 돌아가기 위해 그 시간을 낭비하지 않을 겁니다. 최대한의 결실을 보기 위해 최선을 다해 노력할 겁니다.

나는 이 순간 확고한 신념이 있습니다. 그 신념의 대상이 당신이라 말해도 과언이 아닐 겁니다. 나는 당신의 그 커다랗고 소중한 사랑을 놓치고 싶지 않습니다. 그래서 견뎌야 하는 나날들이 외롭지 않은 겁니다.

당신에게로 향하는 내 마음은 영원히 변함없을 겁니다. 나는 자신 있게 약속할 수 있습니다. 당신의 나에게 그리고 나의 당신에게…….

이럴 때 당신은 나에게

당신이 가장 아름답게 보일 때는 화장을 하거나 예쁜 옷을 입을 때가 아니라 화장하지 않은 상큼한 얼굴과 수수하게 차려입은 겸손한 모습을 보일 때입니다. 애써 꾸미려 하지 않는 당신의 모습에서 아늑하고 포근한 안식처의 분위기를 느낄 수 있기 때입니다.

당신에겐 진한 화장과 화려한 옷가지는 오히려 거부감을 느끼게 합니다. 당신의 아름다움에 비하면 그러한 것들은 거추장스러울 뿐입니다. 당신의 해맑고 환한 웃음이 당신에겐 화려한 옷이며 화장입니다.

일에 몰두하고 있는 당신의 모습 또한 아름답게 보입니다. 건성건성 일을 처리하는 것이 아니라 책임감 있고 진지하게 일을 추진해 나가는 모습은 매우 진실하고 활동적으로 보입니다.

어느 한 가지 소홀하게 여겨지지 않는 당신의 모습 또한 사랑스럽습니다. 당신은 하나밖에 없는 나의 연인입니다. 당신이 나의 곁에 소중한 사람으로 다가와 있다는 것에 나는 안도합니다.

볼품없던 나는 당신으로 인하여 욕심 없이 변해갑니다. 나는 당신의 겸손하고 소박한 영혼에 귀 기울이고 있습니다. 그것은 내가 가장 친밀하게 느끼는 사람이 바로 당신이며 당신으로부터 사랑의 향기를 맡을 수 있기 때문입니다.

당신의 그 감미로움을 흉내 낼 사람은 이 세상 어디에도 없을 겁니다. 적어도 나에게서는 말입니다. 당신은 자신만의 특유한 향기를 지니고 있습니다.

그 향기로부터 매혹되어 나의 여행은 멈추었습니다. 그 이상의 유혹이 있더라도 나는 당신을 포기하지 않을 겁니다. 사랑의 이정표 또한 당신의 맑고 고운 영혼 앞에 마지막 하나가 세워져 있습니다.

내가 앞으로 하여야 할 일은 당신의 아름다운 모습을 빼앗지 않고 지속될 수 있도록 뒷받침하며 배려하는 것입니다.

*

며칠간 눈코 뜰 사이 없이 바빠 너에게서 걸려 온 전화를 신경질적으로 끊어도, 다시 너에게 전화하면 너는 속도 없이 반갑게 받아주며 먼저 바쁜 줄도 모르고 전화해서 미안하다고 사과한다.

정작 사과해야 하는 사람은 나인데. 너의 앞에서는 그처럼 나에게 우선권이 주어지지 않는다. 너는 나를 그만큼 많은 배려와 사랑으로 감싸준다.

전화를 신경질적으로 끊은 내가 부끄러울 따름이며 나를 이해해 주는 너의 그 커다란 마음이 한없이 사랑스럽다. 너는 미워하려야 미워할 수 없는 나의 하나다.

너의 촉촉한 입술에 감미로운 입맞춤을 전해 주려 한 나의 진솔한 마음이 너의 순간적인 선제공격에 도둑맞은 기분이다.

너의 사랑이 나의 입술로, 심장으로 진한 설렘을 되새기게 한다. 그런 너에게 어떻게 나만을 내세울 수 있으며 나만을 고집할 수 있겠는가.

이 순간 너의 메아리치는 사랑으로 나의 지친 몸은 활력을 되찾고 오아시스의 평온함으로 빠져든다. 내가 그곳을 안식의 낙원으로 행복하게 날고 있을 때 지그시 미소 짓는 너는 사랑의 영혼이다. 사랑을 깨닫게 해주는 너의 존재는 나에게는 없어서는 안 되는 소중함의 원천이 된다.

너는 사랑의 진선미를 모두 지니고 있는 사람이다. 그러한 너는 또한 울보이기도 하다. 사소한 것에도 감동하여 울기도 잘하는 너는 마음이 여리고 착한 나의 사랑이다.

맑고 티 없는 모습을 지닌 너에게 사랑을 느끼지 못한다면 나는 마음의 문을 닫고 있는 괴팍한 영혼에 지나지 않는다. 미녀는 야수를 좋아한다고 했던가? 그리 싫지 않은 말이지만 야수는 결국에 변한다는 것을 알고 있기에 나는 너에게 향하는 마음을 서둘러야 한다.

드라마나 영화를 볼 때면 주인공이 안타깝다며 울어버리는 너의 모습은 애잔하고 안쓰러우며 측은해 보인다. 손수건이 모두 젖어 다른 손수건이 필요할 정도로 울어버리는 너는 가장 사랑스러운 내 사랑이다.

너의 모습에서는 악함이란 찾아볼 수 없다.

시냇물 위를 떠내려가는 나뭇잎의 설레는 여행처럼 너는 영원히 내 곁에서 사랑의 대화를 서슴없이 속삭일 수 있는 상대이다.

내 마음속 호수에는 한 폭의 아름다운 사랑의 꽃이 매혹적으로 피어난다. 나는 언제나 너에게 죄 없는 죄를 지은 사랑의 죄인이다.

너를 사랑한 의미는 너에게 사로잡혀 너의 정원에 유실수로 뿌리내리고 싶은 연유에서이다.

너의 손길로 새록새록 아름답게 자라나는 나의 꿈은, 많은 꽃과 열매로 너를 풍족하게 만들어 줄 것이다. 그것이 나를 사랑하는 너에게 보답하는 것임을 나는 알고 있다.

하루에 두세 번씩 많게는 대여섯 번씩 전화 통화를 하고 일주일에 서너 번씩 너를 만나면서도 항상 허전하게 여겨지는 것은 열병을 앓고 있기 때문이다.

한동안 너를 보지 못하고 연락조차 끊어진 상태라면 나는 더더욱 견디기 힘들어할지도 모른다.

너 또한 나와 같은 마음을 지니고 있다. 어느 날 너에게서 온 편지, 그날도 편지를 읽기까지 너와의 전화 통화는 세 번째였고 나는 변함없이 일에 열중하고 있었다.

너의 손끝으로 이루어진 편지의 겉봉을 개봉하고 있을 때도 너에게서 전화가 왔다.

"사랑해요!"

그것은 바로 너의 음성이었다. 그 말만을 남긴 채 싱겁게 전화를 끊어 버린 너의 생동감 넘치는 문장은 사랑 바로 그 자체로 나를 감동시키고 있었다.

나는 벙어리가 되어 눈으로 이야기하고 있었다.

그렇다. 너의 편지는 진실한 사랑의 대화였고 나는 그 대화에 감동하는 주인공이었다.

허전했던 가슴을 모두 채우기라도 하듯 나는 기쁨에 사로잡혀 사랑의 경이로움에 감탄하여 황홀해하고 있었다.

그것은 진실로 착각이 아니었다.

너와의 네 번째 전화 통화.

시치미 떼던 세 번의 전화와는 달리 네 번째 전화 통화에선 편지에 신경 쓰는 눈치였다.

"어때요? 편지 내용이 좀 야한가요?"

애교스럽고 더없이 사랑스럽게 여겨지는 목소리를 들으며 나는 전화를 받고 있을 너의 모습을 상상했다.

내가 더 무엇을 바라겠는가. 나에 대한 너의 사랑이 그렇게 커다랗고 높은데.

이런 모습을 보여주고 싶지 않지만

가능한 아무 생각 없이 막 울고 싶어집니다.

이별! 그 서러운 낱말을 아쉬워하고 기억 속에 되새기고 싶지 않기 때문입니다. 나 자신을 위해 한 소절의 울음으로 지워버리고 싶습니다.

그 울음으로 하여 성숙함의 의미를 깨닫고 싶기 때문입니다. 내 모습이 애처롭고 서글프게 보이더라도 한 번쯤은 울어 버리고 싶었습니다.

누군가 그 울음소리를 듣고 비아냥거리더라도 눈치 보지 않고 내면의 모든 것을 시원하게 밖으로 쏟아내고 싶습니다. 그러면 한결 홀가분해질 수 있을 것 같습니다. 그러고 난 후에 내가 무엇을 할 수 있을지 생각할 수 있을 것 같습니다. 아프면서도 아프지 않은 척, 괴로우면서도 괴롭지 않은 척 나 자신을 속이고 싶지 않습니다.

그 울음으로 홀가분해질 수 있다면, 그 울음으로 나 자신과 맞서는 것을 후회하지 않을 수 있다면 망설일 이유가 없습니다. 속으로 끙끙 앓으며 자책의 수렁으로 휩쓸리고 싶지는 않습니다. 더는 나 자신에게 죄책감을 심어 주고 싶지 않기 때문입니다.

이별에 대한 좁은 시각으로 삶을 마주 볼 수는 없을 것 같습니다. 더 단단해져야 합니다. 그러기 위해서 닫힌 마음을 활짝 열고 눈에 보이는 사물과, 생명의 표면에 드러나는 거짓된 본능을 배제하고 그 본질을 이해하는 자세를 지닐 수 있어야 합니다. 그 모든 것을 받아들일 수 있어야 합니다.

이별을 스스로 좌절의 순간이라 판단하며 아픔을 독촉하고 싶지는 않습니다.

나의 본모습을 그리고 그 내면에 숨어 있는 용기의 의미를 생각합니다. 그러나 자꾸만 좌절이란 말이 나를 나약하게 만듭니다.

노력 없이 비참하게 무너져 버린 나의 모습이 초라해 보입니다. 죄책감에 시달리며 괴로워하던 모습, 그 모습을 비관하며 약물과 알코올에 의지하던 모습, 그러한 폐인의 길로 그 낭떠러지 아래로 나를 내던졌던 것을 후회합니다.

왜 이렇게 아픈 걸까요?

그 이유를 생각해 보아야 할 겁니다. 삶이 만만하다고 생각했던 것을 후회합니다. 그것은 나의 착각이었습니다. 착각과 공허함이 존재하는 그 선상에 서서 나는 속절없이 무너지기도 하고 다시 일어서기도 합니다.

삶의 길에서는 헤아릴 것도 많습니다. 나 몰라라 뒤돌아설 수 있는 일이 아니기에 늘 준비하고 있어야 합니다.

삶의 길 위에는 늘 만남과 헤어짐이 있습니다. 만남과 헤어짐 중에 왜 헤어짐만 속상한 걸까요? 떠나면 그만이냐고 허리춤을 잡고 싶지만, 그럴 수 없는 이별은 늘 안타까울 뿐입니다.

오늘은 누구의 눈치도 보지 않고 소리 내어 실컷 울어볼 생각입니다.

나를 강하게 만들던 모든 힘과 의지와 신념이 일순간 무너져 내립니다. 아무것도 할 수 없는 허약한 나의 모습이 싫습니다. 다시는 일어설 수 없을 것 같은 불안함과 두려움이 앞서기 시작합니다.

무엇을 할 것인가?
어떠한 자세를 취해야 나를 지킬 수 있을까?

좌절의 시간입니다. 더는 나를 지탱할 의지조차 존재하지 않습니다. 일순간 허무함이 나를 자책하게 만듭니다. 내가 꿈꾸어 오던 모든 현실이 저 멀리서 남의 일처럼 나를 외면합니다. 나는 초라해질 뿐입니다. 내가 추구하던 현실은 한낱 욕심과 독선에 지나지 않았습니다.

나를 일깨워 주었던, 나의 굳건했던 모습은 이제 찾아볼 수 없습니다. 이 얼마나 허무한 일이며, 이 얼마나 부끄러운 일인지 이제야 알 것 같습니다.

견딜 수 없는 낭패입니다. 이 시간이 지속될수록 나는 더 큰 좌절을 만들고 나의 강한 의지는 점점 무기력해질 뿐입니다. 그 어디에서도 예전의 나를 찾아볼 수 없습니다. 그 예전의 내 모습도 거짓과 오만이었을까요?

아무것도 할 수가 없습니다. 무엇을 하여야 할지 그저 난감하고 아득하게만 느껴질 뿐입니다.

내가 바라던 현실은 태평양을 가르는 형체 큰 배의 형상이 아니라 초라한 조각배였을 뿐입니다. 욕심만으로 자신을 이끌던 나의 본모습은 이제야 풍랑을 맞은 격입니다.

한없이 울고 싶은 마음입니다.

울다가 지쳐 더는 울 기운이 없어 쓰러지기 일보 직전입니다. 그래도 울고 싶습니다. 울다가 정신을 잃게 되더라도 계속해서 울고 싶은 심정입니다. 그렇다고 언제까지 울고 있을 수만은 없습니다.

좌절의 순간을 극복하는 나여야 합니다. 나 자신도 이겨내지 못하면서 스스로를 내세우려 하는 것은 사람들이 말하는 객기일 뿐입니다.

인내가 필요합니다.

이러한 조급함으로 더는 나를 이끌 수가 없습니다. 좌절의 순간에도 그것이 자신을 시험하는 일이라 생각하며 성숙한 자아를 찾아야 합니다. 그것을 포기한다면 그것은 삶이 지속될 의미를 상실하는 겁니다. 좌절할 이유는 없습니다.

사람은 감정에 치우치지 않고서는 살아갈 수 없습니다. 그 감정을 외면하고 거짓을 꾸며낸다면 그 존재는 외로움과 괴로움으로 얼마 지나지 않아 삶이 뒤엉켜 엉망으로 망가져 버리고 말 겁니다.

한순간 모든 것을 망각할 수 있는 존재라면 감정에 얽매일 필요는 없겠지만 우리들은 감정을 외면할 여유가 없습니다.

죽음의 순간 모든 것을 털어낼 수는 있겠지만 살아 있는 동안은 외면할 수 없는 것이 감정의 통칭입니다. 그렇다고 감정에 치우쳐 미련만을 먹으며 살아갈 수는 없습니다.

행복과 불행으로 일컬어지는 내면의 갈등, 그것으로 인해 자신을 거짓으로 이끌고 갈 수는 없습니다. 행복의 순간에는 별다른 문제는 없겠지만 불행의 시각에서는 많은 문제를 일으키곤 합니다.

자책한다든지 혐오한다는 일련의 감정들은 삶을 다른 방향으로 뒤바꿔 놓을지 모릅니다. 그것은 모두 감정에서 비롯되는 것입니다.

현실을 용납하지 않고 자신을 회피하는 상황에서 자신의 판단이 옳은 것이어야 한다는 아집을 부릴지도 모릅니다. 그 잘못된 생각이 돌이킬 수 없는 시련을 엉뚱하게 이끌고 간직하게 만들지도 모릅니다.

패배자가 되기 이전에 낙오자가 되는 것입니다. 그것은 자신을 극단적으로 이끌 겁니다.

왜 그러한 부끄러운 생각밖에 하지 못합니까?
왜 자신만 옳아야 합니까?

슬픈 일입니다. 자신의 옳음만을 고집하는 당신은 다른 내면을 들여다보지 못하는 바보 같은 존재입니다.

비록 자기 생각과 판단이 옳다 할지라도 상황에 따라선 자신을 굽힐 줄도 아는 그러한 사람이어야 합니다. 자신만 불행하다고 여기는 선입견은 과감히 버려야 합니다.

불행만을 탓하고 있을 수는 없습니다. 불행에서 벗어나기 위한 노력을 하지 않는다면 자신에게 행복이란 절대 찾아오지 않을 겁니다. 불행은 더 큰 불행을 만들고 결국 당신을 쓸모없는 사람으로 인식하게 할 겁니다.

지금의 불행은 훗날의 행복에 대비하는 것입니다. 불행을 경험으로 행복을 추구하기 위한 일련의 과정인 겁니다. 불행을 경험하지 못했다면 당신은 당신 자신이 얼마나 행복했는지에 대해서도 모를 겁니다.

행복한 순간만 존재한다면 우리의 삶은 그 어떤 의미도 지닐 수 없을 겁니다. 행복이 있기에 불행이 있고 불행이 있기에 더 큰 행복이 자라나는 것이라는 걸 왜 모르는 겁니까?

불행을 진실로 소유할 수 있을 때 당신은 행복의 순간을 알아갈 수 있을 겁니다. 불행의 의미를 편견으로 바라만 보지 말고 있는 그대로를 느껴야 합니다.

한 번쯤 주저앉아 실컷 울어버리고 일어서서 내일 존재하게 될 자기 모습을 생각해 보세요. 그 그림자만으로도 당신은 행복한 겁니다.

당신은 아직 불행을 맛보지 못했습니다. 그러니 자책하며 자신을 망가뜨리고 있는 겁니다. 조급해야 할 필요는 없습니다. 숨을 가다듬으며 차근차근 걸어가면 되는 겁니다. 한 호흡 빼고 걸어가 보는 겁니다.

너의 나에게

너의 나에게 "나는 아직 준비되어 있지 않아요."라고 말한다면 너는 어처구니없다며 실망할지도 모른다.

"그럼, 그동안 나는 당신에게 무엇이었나요?"라고 반문한다면 나는 그 어떤 변명도 하고 싶지 않지만 애써 거짓됨으로 나를 포장하여 감출지 모른다.

나는 그것이 싫은 것이다. 언제까지나 기다려 달라고 말할 수도 없고 그렇다고 이제 그만 우리 헤어지자는 말은 더더욱 하기 싫다. 그래서 그동안 망설이고 또 너의 눈치를 보면서 전전긍긍했을지도 모른다.

역시 나는 바보인 것일까?

준비되지 않음이 자랑이 아닌 것을 알지만 그렇다고 무턱대고 너를 받아들일 수는 없다. 나의 자존감을 무너뜨리고 싶지 않기 때문이다.

사랑을 원하지 않음이 아니다. 그렇다고 사랑을 포기하고 싶음도 아니다. 단지 너에게 나를 내세울 수 없음이 안타까울 뿐이지만 그것이 우리의 관계에 명료한 해답을 주는 것은 더더욱 아니라는 것을 나는 알고 있다.

물론 너의 나이기에 그리고 나이면서 너이기에 그 조건의 방향은 행복으로 향해야 한다고 생각한다. 그것을 알면서도 나는 나이기를 고집하고 있다. 나도 물론 너에게로 향해야 한다. 그리고 너의 나임을 부정해서는 안 된다는 것을 알고 있다. 알고 있으면서도 어쩌면 너인 내가 두려운 것인지도 모르겠다.

어디쯤인가?
그 어디쯤에서 우리는 달라졌을까?

사랑을 하면서도 그 명확한 답변을 쉽게 가져올 수 없는 것은 온전히 나의 잘못이고 내가 감수하고 받아들여야 할 과제이다. 너에게 나인 존재가 어떤 것임을 안다. 그래서 너한테 미안한 것이고, 그래서 나는 네가 더 부담스러운 것이다.

나는 너임을 이미 보여주었고 물론 너도 나임을 보여주었는데 무엇이 나를 망설이게 만드는지 모르겠다.

“잠깐만!”

그 잠깐만은 고장 난 손목시계의 시침과 분침의 일부분일 것이다. 그렇게 또 나의 네가 기다림의 시간으로 남을지 모르겠다.

그 삶의 시간 속에서 이도 저도 할 수 없는 나를 바라본다. 어쩔 수 없는 나를 바라보는 것이 결코 탐탁스러운 일은 아니다.

고장 난 손목시계의 초침이 다시 흘러도 멈춘 나의 사랑과 미련을 대신할 수는 없다. 그렇게 나는 흘러가고, 잊히고 또 시간의 다가섬과 흩어짐이 무엇을 의미하는지 느낄 수 있어야 한다.

그 시간에 멈추면 그만일 것을, 그리하여 내가 아닌 네가 되는 것을 느끼면 그만인 것을. 그런데 그렇게 하지 못함에 시간은 누추하게 흐르고 이 시간의 늪에서 나는 무덤덤해질 뿐이다. 나는 여건을 핑계로 너를 결코 받아들일 수 없을 것이다. 하지만 그 받아들일 수 없었음을 나중에 후회하게 되고, 또 나의 너를 간절하게 원하고 바라면서 나의 잘못된 선택을 탓할 것이다.

나는 알고 있다. 그러면서 나를 내세우기 망설이는 것은 내가 서 있는 위치에 대한 알 수 없는 두려움 때문이다.

망설임 없이 다가서면 그만인 것을, 그냥 말없이 손을 내밀고 잡아주면 그만인 것을 알면서도 나는 점점 바보가 되어가고 있다. 욕심 때문이다. 좀 더 좋은 상황을 기다린다는 전제로 나 자신을 머저리처럼 굴리는 것이다. 저 뒤편으로 나를 밀어두고 오직 너를 내세워 사랑 앞으로 다가간 것이다.

바보 같은 짓일 뿐이다. 다가서는 것과 다가오는 것에 엉뚱한 오류가 발생한 것이다. 내 머릿속에서 설키고 뒤엉켜 너를 생각하기 이전에 나를 먼저 내세웠다.

나를 생각하기 이전에 너를 생각해 버린 그 어디쯤에선가 나는 한없이 길을 잃고 쓸데없이 스스로 수렁에 빠져 발버둥 치고 있는 것이 분명하다. 그것은 사랑에 대한 모독이고, 그것은 삶에 대한 회피일 지도 모르겠다.

이미 나는 준비되어 있는데도 어쩌면 혼자가 아니라는 것에 먼저 겁을 집어먹었을지 모른다. 그리하여 너의 앞에 서면 어쩔 수 없이 작아질 뿐이며 그 작아짐에 저절로 몸이 움츠러드는 것이다.

"바보, 멍청이."

스스로 다독여 보지만 다독이면 다독일수록 내 마음은 자꾸만 너에게서 멀어져 간다. 이런 내 마음 나도 알 수 없다. 변덕스러움에 고개 숙이고 마는 나를 똑바로 파악하고 직시해야 하는데 발만 동동 구를 뿐이다. 어디에서부터 시작된 나에 대한 소홀함이었을까?

나는 이 상황을 어떻게 판단하고 이끌어야 하는지 자꾸 망설일 뿐이다. 그럴수록 나는 점점 너에게 나를 내세우지 못한 채 자꾸 이상한 길로 나를 떠밀고 만다.

무언가 잘못되고 있음을 나는 안다. 왜 제자리에서 앞으로 나아가지 못하고 두려워하는지도 안다. 그럴수록 왜 네가 간절해지는지 충분히 알고 있다. 너에게 무턱대고 다가서지 못하는 것 또한 너도 안다. 그래서 더더욱 안타까운 것인데 모르겠다.

이런 날을 위해 삶을 살아오면서 더 단단하고 강해지기를 원했던 것인데 아직 그렇지 않은 모양이다. 그러면서 다음을 기약하는 것은 나를 부정하는 것이나 다름없다.

다시 마음먹는다. 누구나 걸었던 길을 걷는 것이 아님을 알기에, 누구나 새로운 길에 대한 두려움으로 망설이고 있음을 알기에 처음부터 안정된 나로 시작한다는 것은 어쩌면 무리가 있을 수 있다.

무작정 걷는다는 말은 아니다. 계획을 세우고 한 걸음씩 걸어가다 보면 알게 될 것이고 또 그것에 대한 성취감으로 스스로 대견함을 느끼게 될 것이다. 그래서 더는 망설이지도 뒤로 물러서지도 않을 참이다.

너의 나이기에 당연히 너와 함께 걸어야 하는 길이다. 혼자 걸으면 의미가 없을 것이기에 둘이 걸으면서 새로운 삶에 익숙해져야 나는 비로소 네가 될 수 있다고 생각한다. 지루한 줄다리기는 이제 우리에게 필요하지 않다. 나는 너를 믿고, 너는 나를 믿는데 무엇이 더 두렵겠는가?

그 모든 것을 감수할 수 있었기에 너의 손을 냉큼 잡았다.

우리는 그동안 서로에 대한 알아감으로 믿음을 가질 수 있는 충분한 시간을 걸어온 만큼 단단해져 있다. 너에게 손을 내밀 때 너는 내 손을 살포시 잡고 아무 말 없이 나를 이끌어 줄 것이다. 물론 나 또한 너의 손을 이끌고 나를 감추어 두었던 세계를 보여줄 것이다.

그렇게 우리는 같은 길을 가야 할 운명이다. 어쩌면 다시는 오지 않을 그 기회를 나는 놓치고 싶지 않을뿐더러 그 기나긴 기다림의 시간을 다시는 반복하고 싶지 않다.

나의 너에게 말하고 싶다.

“혹시 그럴 일은 없겠지만 실망하지 않았으면 해요. 만약 실망하더라도 참고 응원해 주었으면 해요! 그래야 나는 더 올바른 길을 걷기 위해 노력할 수 있을 테니까!”

너의 나에게도 한 마디 덧붙이자면,
“사랑을 하게 되면서 그 많은 우여곡절을 겪었는데 고작 망설임으로 스스로를 포기하지 않았으면 좋겠어. 만약 그렇다면 스스로 나약해지고 더는 그에게 나를 내세울 수 없을 거야.”

더 무슨 말을 하겠는가? 우리는 서로 함께하며 서로를 믿고 응원할 텐데! 이제 우리에게 남은 것은 앞으로 걷게 될 삶의 길에 대한 설렘을 마음껏 누리는 것이다.

너의 나이기에, 그리고 나의 너이기에.......

내가 있기 위해서 나는

당신들은 서로의 오해로 믿음을 상실한 채 서로를 시기하고 외면하며 질투해 왔습니다. 오해의 매듭을 풀기 위한 노력조차 하지 않았습니다. 그저 일방적으로 철저하게 담을 쌓고 경쟁해 왔습니다. 자기 내면을 밖으로 내보이지 않았으면서 왜곡된 모습만으로 불신의 벽을 높이고 있었습니다.

당신들은 상대가 먼저 손 내밀기를 원하지만, 그것은 자존심의 허상입니다. 자신이 먼저 손 내밀지 않으면서 상대에게 그러길 원하는 것은 오만 때문입니다.

물론 대화로 풀 수도 있는 문제입니다. 진솔하게 자신의 입장을 말하고 또 서로 다투게 된 원인을 찾아 해결하면 가볍게 풀릴 일입니다. 하지만 서로 자존심을 내세우는 순간 그 모든 일은 허사가 되고 맙니다. 그것은 더더욱 상대의 마음을 닫게 할 겁니다.

자신만의 입장을 내세워 상대를 비난하고 혐오하기 시작했습니다. 그렇게 대화는 있을 수 없는 일이 되어버리고 말았습니다.

누구를 탓하겠습니까? 그런 식으로는 마음을 더 꼭꼭 걸어잠그면 오기가 생긴다는 걸 왜 모를까요? 그깟 자존심이 뭐기에.

갈등은 또 다른 갈등을 만들어 낸다는 것을 알고 있으면서도 결코 양보할 마음은 없었습니다. 갈등은 이제 풀 수 없는 매듭으로 변하였습니다. 얽히고설켜 더는 풀 수 없는 실타래가 되기 시작했습니다.

누구의 잘잘못을 가리기 이전에 먼저 서로를 이해하려 노력해야 합니다. 그 다가섬은 진솔해야 하며 거짓이 없어야 합니다. 그리고 차분하게 마주 앉을 수 있어야 합니다. 외면의 눈빛으로 닫힌 마음을 열 수 없기 때문입니다.

마음과 마음을 열고 대화로 믿음을 심어 준다면 갈등의 근원은 쉽게 해결될 수 있을 것입니다. 한결 서로에게 홀가분함을 느낄 수 있을 겁니다.

얼굴을 찡그리고 괜한 증오의 시선으로 상대를 나쁘게 인식하는 것보다, 좀 더 자신을 부드럽게 내세우며 한 번의 상냥한 미소를 전한다면 상대 또한 가만히 있지는 않을 겁니다.

상대는 당신의 미소에 호응하기 시작할 겁니다.

생각했던 것보다 매듭은 쉽게 풀어질 것이고 서로에게 한 발짝 더 다가갈 수 있는 여유가 생길 겁니다. 그렇다고 마음을 놓아서는 안 됩니다.

자신이 판단하던 모습과는 비교도 되지 않는 내면의 아름다움이 당신에게 감동을 줄 겁니다. 그리고 당신의 착한 본성이 상대를 놀라게 할 겁니다.

서로 마음을 숨기려고 했던 자신들이 어쩌면 부끄럽게 느껴질지도 모를 일입니다. 쌓아두었던 불신과 철옹성 같은 담장은 그때 비로소 무너질 수 있을 겁니다.

진작 누구든 먼저 손을 내밀었더라면 이렇게 오랜 시간 동안 서로를 원망하며 증오해야 할 이유는 없었을 텐데 말입니다. 너무나 철저히 자신을 숨기기에 급급했던 나머지 불신만 가득 키운 것입니다.

서로 부둥켜안고 진한 감동의 눈물을 흘리는 그 순간 지난날 자기 모습이 부끄러울 겁니다. 서로의 가슴에서 전율하는 가느다란 움직임의 실체는 오래전에 싹터야 했을 믿음입니다. 이제 불신의 그림자는 망각하게 될 것이고 서로를 알아 가기에 바쁜 시간을 보내야 할 겁니다. 그만큼 언제나 행복할 겁니다. 너무 질긴 오해와 갈등이었습니다.

자신을 꼭꼭 숨기고 언제까지나 거짓된 모습으로 삶을 지켜나갈 수는 없습니다. 세상은 나 혼자 살아가는 것이 아닙니다. 그 어디에서도 독불장군은 환영받지 못합니다. 당신이 오만과 편견에 빠져 있는 동안 그 누구도 당신을 흔쾌히 받아들이지 않았을 겁니다.

자연스럽게 해결해야 할 스스럼없는 문제를 애써 키워낸 당신은 그만큼 시간을 낭비한 겁니다. 서둘러 다가가야 합니다. 그리고 더는 자존심을 남용해서는 안 됩니다.

당신은 이제 사랑하는 법을 배우기 시작했습니다. 당신 삶의 방향도 비로소 확고히 할 수 있을 겁니다.

우리는 이곳에 나란히 앉아 물가에 드리워 놓은 낚싯대의 찌를 바라보며 서먹한 감정을 억누르고 있습니다. 좀 더 자연스러워지기를 기다리고 있지만 좀처럼 마음을 열지 못합니다. 시간은 무디게 흘러갑니다.

답답합니다. 시간에 체한 것처럼 가슴 한곳이 콱 막혀 숨 쉬는 것조차 어려울 지경입니다. 괜히 이곳에 왔나 싶기도 합니다. 또 금방이라도 되돌아가고 싶은 마음뿐입니다. 하지만 언제까지 서먹한 관계를 지속할 수 없기에 어쨌든 앉아 있어야 합니다.

쉽게 말문이 열리지 않고, 얼굴에 미소가 깃들지 않는 것은 서로의 믿음에 금이 갔기 때문입니다. 그로 인해 서로에게 불신만을 쌓았습니다.

한때는 둘도 없는 사이였습니다. 우리의 우정은 변함이 없을 거로 생각했지만 어느 순간 뒤틀리고 말았습니다. 심지어 서로 아는 척하는 것도 못마땅했습니다. 모임이 있을 때면 멀찍이 앉아 눈도 마주치지 않았습니다. 불편한 것은 친구들이었습니다.

적막한 시간입니다.

불빛을 향해 몰려드는 모기와 불나방이 필사적으로 흐느적거립니다. 떡밥을 몇 번 갈아주는 사이에도 우리는 아무런 말을 건네지 않았습니다. 지난한 기다림의 시작입니다. 언제 끝날지 모르는 나와의 사투입니다. 언제 어디로 튈지 모르는 시간이라는 녀석은 입을 굳게 다물고 있습니다.

같이 왔던 친구는 어디로 갔는지 보이지 않습니다. 아마도 오늘의 자리를 만들기 위해 묘안을 짜낸 모양입니다. 우리의 불화는 그만큼 친구들을 힘들게 했던 것 같습니다. 친구는 기다리다 보면 어디에선가 불쑥 나타날 겁니다. 매정하게 나를 내버려 두고 그냥 가버리면 안 되는 겁니다. 아마도 나는 간절하게 기다리다가 목이 빠질 겁니다.

낚시터에 와서 처음 만나는 사람처럼 부담스러움은 점차 가중되어 갑니다. 침묵 사이로 많은 것을 떠올리고 생각하게 됩니다.

지난날의 행복했던 일들과 불행했던 일들, 더는 돌이키고 싶지 않은 과거의 허물들, 가장 가까이에 있으면서 가장 멀게 느꼈던 옆에 있는 친구. 그와 함께하는 이 시간은 그저 답답하고 착잡할 뿐입니다.

지금 옆에 앉아 있는 그는 무슨 생각을 하고 있을까요?

그도 나와 같은 심정으로 담담하게 자신을 다독이고 있을 겁니다. 어쩌면 그대로 일어나 어디론가 사라져 버릴지도 모릅니다. 무턱대고 저지르고 보는 친구이기 때문입니다. 그런다면 나는 다시는 친구를 보고 싶지 않을 겁니다. 그리고 먼저 자리를 털고 일어서지 못한 것을 후회하게 될 겁니다.

갑자기 퍼붓기 시작한 빗방울은 나의 마음을 한결 가볍게 적시고 있었습니다. 그제야 침묵하던 입에서 나도 모르게 말문이 터져 나왔습니다.

"하필 이럴 때 비가 오냐."
"그럼, 언제 비가 와야 하나?"
"얘는 대체 어디에 간 거야?"

서둘러 비를 피할 수 있는 그늘막을 치고, 준비해 온 장작으로 모닥불을 지펴 놓고 각자의 자리에 앉았습니다. 요란한 빗소리는 우리를 부추기기 시작했습니다. 더는 자신만을 고집하고 있을 수는 없을 것 같았습니다.

서로의 시선을 의식하기보다는 저편에 시선을 두고 우리는 서로의 불만과 갈등에 관해 이야기하기 시작했습니다.

그것은 벌써 치러야 했을 과정입니다. 어느 누가 잘나고 못났냐는 내세움의 질책이 아니어야 합니다. 서로 한 발짝 뒤로 물러나 양보하고 대화하여야 합니다. 상대의 말에 귀 기울이거 반성하는 자리였습니다.

혼자서만 간직하고 괴로워하던 일들을 모두 털어놓고 나니 답답했던 가슴이 편안해졌습니다. 그 또한 그러했을 겁니다. 그의 이야기를 귀 기울여 듣는 순간 나만을 고집하던 자신이 부끄러웠습니다. 내가 아파했던 만큼 그도 그 나름의 아픔으로 괴로워하고 있었던 겁니다.

우리는 서로 피해자이며 동시에 가해자였습니다.

오해에서 비롯된 일들을 대화로 풀기보다는 외면하려 했던 우리는 이제 더는 괴롭거나 불행하지 않습니다. 서로를 새롭게 깨닫고 이해한 만큼 더 열심히 서로를 위해 노력하겠습니다. 마음을 열어 보이며 행복한 삶을 끌어 나가겠습니다.

비는 서서히 그쳐가고 우리는 마주 앉아 앞으로의 일들에 관해 이야기하고 있습니다. 그동안 하지 못했던 말들이 봇물 터지듯 쏟아져 나옵니다. 그동안 입이 근질거려 어떻게 참고 있었는지 모릅니다.

시간은 쉴 사이 없이 내달리기 시작합니다.

이별은 결코 쉬운 일이 아니지만

사랑을 망설일 필요는 없습니다.

삶을 살아가면서 외롭지 않기 위해 짝을 찾는 것은 당연한 일입니다. 한 사람과의 만남으로 완벽한 하나가 될 수 있다고 믿기 때문입니다. 그것으로 인하여 그도 스스럼없이 당신에게 다가왔습니다.

당신은 그의 의미로 남기 위해 당신의 모든 것을 그의 앞에 보여주었고 진정 오래도록 함께하겠다고 생각했습니다. 누가 보아도 남부럽지 않은 다정한 한 쌍이었습니다. 당신은 미래를 설계하며 부푼 마음으로 설레고 있었습니다.

그러나 그것도 잠시일 뿐 그는 당신의 사랑에 만족하지 못하고 쉽게 짜증을 내기 시작했습니다. 만나면 즐거운 표정을 지으면서 속으론 다른 만남과 행복을 꿈꾸기 시작했습니다.

이별은 단호할 뿐입니다. 그가 선언한 이별은 막막함을 동반할 뿐이었습니다. 그를 놓지 않기 위한 당신의 노력은 지난했습니다. 그렇게 지속된 만남은 더더욱 당신을 힘들게 만들었고 사랑의 성장도 멈추었습니다. 그 상황에서 당신이 할 수 있는 것은 그를 이해하려 노력하는 것이었습니다. 소용없다는 것을 알면서도 당신은 사랑을 놓치지 않기 위해 안간힘을 쓰고 있었습니다.

시간이 지날수록 이별은 확고해졌습니다. 이별은 뒤돌아볼 여유도 없이 막무가내로 당신을 재촉했습니다. 그의 마음은 이미 다른 그 누군가에게로 돌아서고 말았고 당신은 그 현실을 받아들여야 했습니다. 하늘이 무너지는 듯한 아픔으로 힘겨웠지만 그를 보내기로 하고 마음의 정리를 마쳤습니다.

이별 후 일주일 만에 그에게서 걸려 온 만남의 전화가 당신은 내키지 않았지만 내심 바라고 있었습니다.

다시 만난 그를 당신은 딱딱하고 퉁명한 목소리로 나무라고 있었지만, 다른 한쪽으로는 얼마나 기뻤는지 모릅니다. 당신은 새로운 것보다는 익숙한 것에 더 마음을 빼앗기는 스타일입니다. 그와의 다시 시작된 만남은 당신을 더욱 간절하게 만들었습니다.

다시 이별하지 말자던 그의 말은 당신을 다시 설렘으로 끌어들이기 충분한 대답이었습니다.

잠시 헤어져 있다 보니 당신의 존재가 자신에게 그 얼마나 많은 자리를 차지하고 있었는지 알게 되었다고 그가 말했습니다.

영원히 곁에 남아 사랑을 소중하게 전하며 진솔하게 살고 싶다고 그가 말했습니다. 그러나 그것도 잠시 그는 다시 이별이라는 단어로 당신을 농락했습니다. 가슴이 시퍼렇게 멍든 당신은 그의 거짓됨을 떠올리며 다시는 그를 믿지 않겠다고 마음먹었습니다.

다시 한 달 만에 전해져온 그의 고백에 마음 약한 당신은 그를 다시 받아들였습니다. 그리곤 그에게 다시는 이별이란 말을 꺼내지 말라고 당부했습니다. 하지만 그것은 당신의 미련스러운 생각에 불과할 따름이었습니다.

그는 당신을 외면하고 다시 뒤돌아섰습니다. 어이없는 일이었습니다. 당신은 그를 탓하기 이전에 자신을 탓하고 있었지만, 그것도 잠시 잦은 이별에 당신은 익숙해지고 말았습니다.

거짓으로 포장된 그를 이제 더는 용서해서는 안 됩니다. 그는 당신을 희롱한 것이며 당신을 한낱 장난감쯤으로 여기고 있었던 겁니다. 그는 당신이 받을 상처쯤은 안중에도 없었던 겁니다.

그는 일방적인 사람이었습니다.

언젠가 얼핏 본 그의 행복하던 모습을 당신은 기억할 겁니다. 그것은 당신과 함께하기 위한 거짓된 배려였던 겁니다. 그에게는 그저 가벼운 만남일 뿐입니다. 한 번도 사랑다운 사랑을 해본 적이 없는 사람입니다. 사랑을 그저 잠시 씹었다가 단물이 빠지면 뱉고 마는 껌쯤으로 생각하는 인간입니다.

당신은 그제야 알았습니다.

다시는 당신 곁으로 되돌아오지 않겠다며, 목에 핏대를 세우고 당당하게 말하던 그가, 다시 당신 앞에 나타난 것은 볼썽사나운 일입니다.

그는 당신에게서 그나마 조금 남아 있던 좋은 기억마저도 포기하고 만 겁니다. 그만큼 그에게는 아쉬운 것 없는 존재가 바로 당신인 겁니다.

당신 아닌 다른 사람과 걸어가는 그의 모습은 추하고 역겨웠습니다. 하지만 진정으로 그를 사랑했기에 당신은 지금도 그의 불행을 원치 않습니다. 그는 증오할 가치도 없는 사람이기 때문입니다.

당신은 이제 그를 믿지 않지만, 다른 사람도 믿지 못하는 버릇이 생기고 말았습니다. 그래서 먼저 받아들이기보다는 거리를 두는 것에 익숙해졌습니다.

당신은 점점 혼자라는 것에 익숙해지지만 굳이 그럴 필요는 없다고 봅니다. 그의 행복을 바란다면 당신도 행복해야 합니다. 그보다 당신이 더 행복할 수 있을 때 그의 행복도 빌어줄 수 있는 겁니다. 뭐 딱히 그래야 할 필요는 없지만.

당신은 지금 그다지 행복해 보이지 않습니다. 당신을 그렇게 만들어 놓은 장본인의 행복을 바랄 아량을 베풀 필요까지는 없습니다. 당신은 그를 용서해서는 안 됩니다.

당신은 그를 차라리 원망한다고 말해야 합니다. 당신은 그에게서 사랑의 기술을 배운 것이 아니라 거짓의 기술을 배운 것뿐입니다.

그는 거짓 자체입니다. 꾸밈의 귀재인 그를 잊을 수 있을 때 비로소 당신은 행복해질 수 있습니다. 다행인 것은 당신이 자신의 존재를 아직 잊지 않았다는 겁니다.

이제 사랑의 모험 따위는 필요 없습니다. 자신을 아끼고, 자신의 소중함을 바라볼 수 있기에 당신은 언제든 사랑을 만들 수 있는 존재가 되는 겁니다.

늦은 밤 친구의 애타는 부름을 외면할 수 없어서 약속 장소로 무거운 발걸음을 옮겼습니다. 피곤하기도 했지만 목소리의 흔들림이 나를 잡아끌었습니다.

약속 장소에 들어섭니다. 초췌하게 일그러진 친구의 얼굴을 대하는 순간 먼저 심상치 않음에 걱정이 앞섰습니다. 그와 마주 앉은 사이로 한숨과 씁쓸한 공허가 밀려들어 왔습니다.

"나, 헤어졌어."

친구의 그 한마디에 가슴이 내려앉았습니다. 무슨 말을 어떻게 해야 할지 몰라 나는 벙어리가 되었습니다.

조력자가 되고 싶은 생각은 추호도 없습니다. 조언을 해 줄 입장도 아닙니다. 덩달아 이별에 휩쓸릴 이유도 없습니다.

사랑은 둘이 했기 때문입니다. 사랑은 둘이 했지만, 이별은 늘 혼자 하는 것입니다. 나는 그저 옆에 있어 줄 뿐입니다.

"나도 알아. 자랑이 아니라는 거. 그렇지만 내가 할 수 있는 일은 아무것도 없었어."

그토록 다정하고 아름답게 보이던 연인이 헤어졌다니 믿을 수가 없었습니다. 잠깐씩 아옹다옹하기는 했지만, 그런 그들의 모습이 더없이 보기 좋았습니다. 그랬던 그들의 이해할 수 없는 이별입니다.

한순간 돌아서면 그만인 것이 사랑입니다. 어차피 처음부터 하나가 아닌 둘이었고 하나가 되기 위한 그들의 노력은 끝내 수포가 되고 말았습니다. 어쩌면 그 하나를 의미하는 것이 무서웠는지도 모르겠습니다. 나는 친구의 슬픔을 어떻게 감당해야 할지 난감할 따름입니다.

왜 헤어졌냐는 물음도, 이유를 알아야겠다는 그 어떤 표정도 지을 수가 없었습니다. 어차피 내가 받아들여야 할 이별이 아니기 때문입니다. 고스란히 친구의 몫이 되어버린 헤어짐입니다. 사랑의 시작 역시 친구의 선택이었던 것처럼.

친구의 괴로움 앞에서는 선뜻 그 어떤 말도 할 수가 없습니다. 그저 친구의 감정을 받아 줄 뿐입니다. 이해하려고 노력할 뿐입니다. 그뿐입니다. 옆에서 지켜보는 이의 시선이 그 이상이 되어서는 안 된다는 걸 알기 때문입니다.

친구와 걷기 시작한 도심의 적막함 사이로, 스쳐 가는 자동차의 드문 소음이 귀를 거슬리게 합니다. 그동안 우리는 아무런 대화도 없었습니다. 그 상황에서 내가 할 수 있는 것은 친구를 따라 발걸음을 맞추는 것뿐입니다.

집 앞 공원을 지나며 친구에게 할 수 있었던 단 한마디 말.

"공원에서 한 잔 마실까?"

말없이 고개를 끄덕이는 친구는 초췌해 보입니다. 편의점에서 캔맥주와 안주를 사 들고 나와 공원 벤치에 앉았습니다.

허무함으로 가득 채워진 맥주를 무감각하게 기울입니다. 공원 가로등 아래 우리의 그림자만 가볍게 흔들릴 뿐입니다.

이별로 멍든 가슴 하나 있고, 그 옆에는 가슴 멍든 친구를 걱정하는 또 하나의 가슴이 있습니다.

만남은 자연스럽고 행복한 일이었지만 이별은 결코 행복할 수 없습니다. 이별을 위해 만나고 사랑했던 것은 아닙니다. 이별을 맞이한 친구의 그림자에는 외로움과 고독의 커다란 수렁이 다가와 앉았습니다.

이 순간 친구를 떠나간 그의 마음은 홀가분할지 모릅니다.

나는 그를 향해 살짝 실망의 시선을 던져줍니다. 친구의 마음을 대신 담아 보낼 생각은 전혀 없습니다. 옆에서 부채질할 생각은 없습니다. 그들의 이별을 환영하고 싶지도 않습니다. 하지만 그의 마음을 짚어 봅니다. 그 역시 마음이 편하지만은 않을 겁니다.

이렇게 아픈 것이라면 사랑은 섣불리 해서는 안 되겠다고 말하는 친구의 얼굴에 슬픔이 가득 맺혀 있습니다. 그러면서 바보처럼 울지도 못합니다.

친구는 이제 다른 길을 걸어야 합니다. 그 발걸음이 지치는 모습을 지켜보고 있지는 않을 겁니다. 그동안 나는 걱정하기 보다는 친구를 속으로 응원할 생각입니다.

그들의 이별은 작은 싸움입니다. 그들에게는 아직 벌어지지 않은 더 큰 싸움이 있을지도 모릅니다. 아니, 있을 겁니다. 그 싸움에서 무너지지 않기 위해 지금 이 순간 단단해져 가는 과정을 겪는 겁니다.

이별은 더 큰 아픔을 이끌라고 있는 것이 아닙니다. 이별 앞에서는 더 대담해져야 합니다. 그렇지 않고 스스로 무너져 내린다면 앞으로의 시련은 더 감당하기 어려울 겁니다.

이별은 그 누구의 탓이어서는 안 됩니다. 시시비비를 가릴 처지의 대상도 아닙니다.

이별은 결코 쉬운 일이 아닙니다. 감정에 이끌려 가기 보다는 좀 더 차분하게 상대와 자신을 생각해야 합니다. 상대를 증오할 필요도 그렇다고 자신을 자책해야 할 이유도 없습니다. 단지 치유의 시간이 필요할 뿐입니다.

삶은 받아들여야 할 것과 외면해야 할 것으로 분류됩니다. 그렇다고 애써 나눌 필요는 없습니다. 자연스럽게 알게 될 것이기 때문입니다. 이별을 받아들이는 것처럼!

나의 당신을 위해서

어디에 있을까?

내가 그토록 만나기를 희망하는 당신은 지금쯤 어디에서 무엇을 하고 있을까요?

당장이라도 만나고 싶지만, 그것은 그저 바람일 뿐 아직은 우리 서로에게 주어진 만남의 시간이 아님을 압니다. 우리가 너무 만나고 싶어서 운명의 시간을 앞당긴다면, 그것은 오히려 예정된 만남이 아니라 한낱 가볍게 흘러가는 뜬구름에 지나지 않을 겁니다.

재촉한다고 다가설 수 있는 것은 아닙니다. 우리가 만날 시간과 장소는 이미 정해져 있습니다. 운명과 필연은 거스를 수 없습니다.

기다림의 의미를 깊게 이해하고 되새길 수 있을 때 비로소 우리의 간절한 바람은 이루어질 겁니다. 그 기다림의 시간 동안 우리가 해야 할 일은 스스로를 다듬는 것입니다. 준비되지 않은 만남은 서로에게 상처만 남길 뿐입니다. 그렇기에 자신을 내세우기 위해서는 상대를 받아들이는 법도 깨달아야 합니다. 그만큼 꾸준한 노력과 성장통이 필요합니다.

우리가 만나는 그 순간 서로에게 실망하지 않을 성장한 모습을 보여주어야 합니다. 설레기 이전에 안정된 마음가짐을 먼저 찾아야 합니다.

만남의 순간을 기대하며 여유로운 마음으로 자기 일에 최선을 다한다면 그 시간은 어김없이 찾아옵니다. 그리고 마침내 만족한 결과를 가져다줄 겁니다.

당신을 만나기 위해 가슴 졸이며 기다리는 이 시간을 낭비해서는 안 됩니다. 당신 또한 그 고독의 자리에서 외로움을 느끼고 있을 겁니다. 간절히 나와의 만남을 기대하고 있을 겁니다. 알고 있습니다. 또 그런 당신을 알고 싶습니다.

당신과 나의 앞에 놓여 있는 운명과 인연의 흐름을 부정할 수 없습니다. 그것으로 하여 예정된 만남의 시간이 다가오면 우리는 행복을 거리낌 없이 느끼게 될 겁니다.

어쩌면 우리는 이 순간 가까이에서 서로를 느끼고 있는지도 모릅니다. 아니면 가까이 있으면서도 서로가 눈치채지 못하고 있는지 모릅니다. 그 상대가 전혀 예상하지 못한 당신일 수도 있습니다. 막 기대가 됩니다. 분명 당신은 아주 가까운 곳에 있을 겁니다.

주위를 유심히 살펴봐도 우리의 만남이 아직 이루어지지 않은 것은, 아직 만남의 시간이 되지 않았기 때문입니다. 기다림의 시간이 턱없이 부족한 모양입니다.

만남은 한순간 자신도 모르게 훅 치고 들어올 겁니다. 그렇지 않으면 자꾸 스쳐 지나가기를 반복하며 익숙해지는 중인지 모릅니다.

사랑이 가까이 있다고는 하지만, 준비되지 않았을 때는 생각보다 먼 곳에서 바라만 보고 있을 겁니다. 아니면 이미 이루어지고 있는데 알지 못하는 것일 수도 있습니다.

재촉하지 않겠습니다. 투정부리지 않겠습니다. 한 발짝 다가가면, 한 발짝 더 가까이 다가오면 됩니다. 그러면 우리 서로 지치지 않을 겁니다.

마냥 기다리라고 못 박아 둔 것은 아닙니다.

시간의 흐름은 노력하는 만큼 유동적일 수 있습니다. 다가가는 것을 절대 훼방하지 않습니다. 그렇게 예정된 만남이 나도 모르는 사이 다가와 있을 겁니다.

당신이 궁금합니다.

아무리 많은 사람을 만나고 사귀었다 하더라도 정작 자신을 아껴주고 감싸줄 상대가 없다는 것은, 아직 진정한 사랑이 나타나지 않았음을 말합니다.

사랑은 먼 곳에 있지 않습니다. 가까운 곳에서 당신을 눈여겨보며 주시하고 있을 겁니다.

그동안의 만남은 헛된 의미가 아닙니다. 기다림의 시간을 완화할 수 있는 깨달음의 가치입니다. 그러나 당신은 아직 사랑을 믿지 않습니다. 그것은 아직 가슴 설레는 사랑을 해보지 못했기 때문입니다.

인연을 만났다 하더라도 스스로 깨닫지 못하고, 사랑의 의미를 이해하지 못한다면 그 만남은 헛된 노력에 불과합니다.

이루지 못할 인연인 겁니다. 더더욱 필연일 수는 없습니다.선택은 당신에게 달렸습니다.

인생은 자신의 의지대로 움직이지 않습니다. 사랑은 주머니에 마음대로 넣었다 뺐다 할 수 있는 것이 아닙니다. 다가서는 것만이 전부라고 생각하는 당신에게 사랑은 어쩌면 받아들일 수 없는 미련의 대상일지 모릅니다.

사랑은 완벽한 것이 아닙니다. 서로 깨달아 가는 것이어야 합니다. 그로 인하여 서로의 빈자리를 느끼고 받아들이는 것입니다. 사랑은 그렇게 빈자리를 채워나가는 것입니다. 완벽하기를 원한다면 그것은 당신의 욕심에서 비롯된 것일 수도 있습니다.

스스로 사랑을 판단하는 것이 아닙니다. 상대의 입장에서 바라본 자신을 받아들이고 계속 노력해 나가야 합니다. 완벽하길 고집한다면 사랑을 포기해야 하는 난처한 상황에 몰리게 될지도 모릅니다.

그 누구도 완벽한 사랑을 할 수는 없습니다. 사랑에 대한 착각과 환상에 연연할 필요가 있을까요? 연연하다 보면 쉽게 짜증을 낼 테고, 영원히 먹히지 않는 공격만 하다가 포기하고 마는 오류를 범하게 될 겁니다. 또 쉽게 질려 나 몰라라 줄행랑칠지도 모를 일입니다.

더더욱 마음에도 없는 입에 발린 거짓으로 사랑을 원한다면, 그것은 진실한 사랑이 아닌 사랑 나부랭이에 지나지 않을 겁니다.

상대를 존중하지 않고 사랑을 실현한다는 것은 허상일 뿐입니다. 오로지 자기 자신만을 내세워 존중받기를 원한다면 함께 하는 것을 포기하는 것이 낫습니다. 상대를 헐뜯고 불신할수록 싫증과 권태로움에 빠지기 쉽습니다. 결국에는 사랑 없는 실없는 사랑이 될 가능성이 큽니다. 그러한 결과를 낳고자 상대를 만나고 싶어 하는 사람은 없을 것입니다.

망설임 없이 뒤돌아서더라도 상대에 대한 배려가 있어야 합니다. 그렇지 않고 비난과 욕설로 상대를 모욕한다면 그 순간 당신은 준비되지 않은 사랑을 한 것이 아니라, 사랑할 가치가 없는 존재가 되는 것입니다.

사람은 한순간 올바른 판단력과 사고력을 완성한다거나, 정신적 성숙을 단 순간에 이룰 수는 없습니다.

우리는 많은 시행착오와 지식, 그리고 경험을 바탕으로 계단을 오르듯 한 계단씩 삶을 끌어 나갑니다. 그것을 반복해서 받아들이고 이해할 수 있을 때 비로소 튼튼한 내면의 결정체를 얻을 수 있습니다. 사랑도 마찬가지입니다. 불완전한 자신을 깨닫게 될 때 비로소 온전한 하나를 그리워하고 찾게 되는 것입니다.

성급해야 할 이유는 없습니다.

성급한 판단으로 자신을 경솔하게 부추기고, 이후에 벌어질 일들에 대해 외면하고 싶어지는 일이 있어서는 안 될 것입니다.

자신에게 주어진 일들을 책임 있게 실행한다면 자연스러운 만남을 기대할 수 있을 겁니다. 진정한 사랑의 교훈을 알게 될 것입니다.

사랑 앞에 욕심을 내세우는 것은 금물입니다. 사랑에 대한 책임을 회피하려면 차라리 사랑을 하지 않는 것이 옳은 일입니다. 또한 사랑에 억눌린 무기력한 존재가 되어서도 안 될 일입니다.

사랑은 처음 시작부터 배려가 있어야 합니다. 서로 존중할 줄 알아야 합니다. 그렇지 않고 이끌림과 호기심만으로 다가선다면 선택의 기회를 놓치고 말 겁니다.

사랑은 늘 서로 동등해야 합니다. 만약 동등하지 않은 누구의 일방적이라면 손을 놓는 것이 차라리 나을 겁니다. 그것은 사랑이 아니기 때문입니다. 그것은 사랑이 아닌 집착입니다.

사랑하지도 않으면서 연연하는 사랑 아닌 착각에 속아 넘어갈 이유는 없습니다.

이끌려 가는 삶의 흐름에 대하여

어느 곳으로 가야 할까요?

이미 퇴색되어 버린 길. 그 삭막하고 막막한 길 위에서 망설이고 있을 필요는 없습니다. 그 자리에 더는 아무것도 남아 있지 않기 때문입니다. 남아 있다면 그것은 접지 못하는 당신의 멍든 가슴과 미련뿐입니다.

그저 좌절과 자책, 그리고 거짓된 몸짓으로 시들어 가는 가장 현명하지 못한 일상을 당신은 만들어 갑니다.

이대로는 아니어야 합니다. 어디로 가야 하고, 무엇을 해야 할지 알 수 없을 때는 다시 한번 자신을 천천히 곱씹어 보는 겁니다. 그런데 마음이 따라와 주지 않을 겁니다.

공허하게 존재하는 초라함과 나약함뿐입니다. 다른 누군가가 당신의 일상을 장악하고 지배합니다. 생소한 그는 현실을 자각하지 못하게 당신을 옭아매고 자꾸만 불행을 부추기려 합니다.

그 어떤 길에도 이정표는 제시되어 있지 않습니다. 오로지 당신의 방향감각과 선택만으로 걸어가야 하는 길입니다. 불안하고 두려운 생각이 당신 앞을 가로막을 겁니다. 그러나 그대로 멈춰서는 안 됩니다. 당신이 무엇을 하든 다른 이들은 제각각 자신의 길을 걸어갈 겁니다.

당신이 미련과 망설임으로 주춤거리고 있는 사이, 당신은 당신이 있어야 할 곳과 점점 동떨어질 겁니다. 그 누구도 기다려 주지 않을 겁니다.

어느 누가 그러한 당신을 믿고 따르겠습니까? 아마 모른 척 뒤돌아설 겁니다. 가장 친한 친구라 할지라도 비웃음으로 당신을 몰아세울 겁니다.

삶의 의미를 망각한 당신은 한없이 나약해질 겁니다. 당신은 살아 있음의 자체가 부담스러울 겁니다. 쉬어야 할 작은 공간과 안락한 휴식의 여유를 외면한 채 당신은 더 망가지려 할 테지만, 그런다고 달라질 것은 없습니다. 한없이 자신을 자책하고 탓하지만, 그것으로 해결될 일이 아닙니다.

누군가의 시선이 비아냥거립니다. 당신을 병들게 만든 바로 그 시선입니다. 한순간 싸늘해진 그의 시선을 당신은 잊을 수 없습니다. 그렇다고 무기력하게 그 시선을 바라보고 있을 수는 없습니다. 당신은 그의 시선보다 더 매정하고 쌀쌀맞아야 합니다.

그 시선을 외면하고 체념의 시간을 가져 보지만 물론 그것으로는 부족합니다. 당신은 냉철해야 합니다.

당신은 아직도 그의 탓이라고 생각하며 그를 책망합니다.

그러나 그에게 모든 것을 떠넘기기엔 무리가 있습니다. 당신은 그를 핑계로 자신을 합리화하려 하지만 그것은 자신에게 비겁해지는 처사입니다.

이미 떠나버린 그를 이제 와 비난한들 무슨 소용이 있겠습니까?

그런 자세는 당신에게 도움이 되지 않습니다. 그럴수록 당신 자신은 비굴해질 수밖에 없습니다. 당신의 어긋난 삶은 갈수록 초라하게 메말라 갈 겁니다. 언제까지 자신을 수렁 속으로 밀어 넣을 겁니까?

그가 당신을 외면했다고 해서 이렇게 자신을 욕되게 만들어야 할까요?

먼저 그를 잊어야 합니다. 그리고 당신 자신을 생각해야 합니다. 예전의 당신도 잊어야 합니다. 자신을 위해서라면 더더욱 완벽하고 소중한 삶을 일구어 나가야 합니다.

잠시 휴식을 취해야 합니다. 그리고 자신을 다스리고 인정해야 합니다. 당신은 과거의 허물을 벗어야 합니다. 그럴 때 비로소 자신의 거짓됨과 나약함을 꾸짖을 수 있을 것이며, 새롭게 태어날 수 있을 겁니다.

믿음을 상실하여 얻은 마음의 병으로 절대 자신을 낮추어서는 안 됩니다. 그것을 적극적으로 대처해 나갈 때 당신은 치유될 수 있을 겁니다.

이 순간 답답하고 허무하게 느껴지더라도 잠시 여유롭게 자신을 일으켜 세우고 앞으로 나아가야 합니다. 당신의 나약해진 모습을 강하게 변모시킬 수 있는 계기를 스스로 만들어야 합니다.

좌절해서는 안 됩니다. 용기를 가져야 합니다. 꿋꿋하고 당당하게 다시 도전해야 합니다. 한 번의 실패로 절망에 빠질 필요는 없습니다. 기회는 언제든 다시 당신에게 올 것이기에 때를 기다려야 합니다.

쓴맛을 경험하고, 그것으로 자신을 다독이고 일으켜 세울 수 있다면 다행입니다. 당신은 언젠가 다시 사랑의 달콤함을 느끼게 될 겁니다. 그러니까 스스로 쟁취하려 노력해야 합니다. 포기는 회피의 기준입니다.

좌절과 부정은 결국엔 당신을 자멸의 길로 이끌 겁니다. 그런 감정을 스스로 감당할 수 있어야 합니다. 그리고 최선을 다해 일어서려는 노력을 해야 합니다.

그것이 이 순간 당신에게 주어진 과제입니다.

*

너와 함께했던 시간이 생각난다.

강의 시간에 늦어 들어갈까 말까 망설이고 있을 때 다급하게 계단을 뛰어 올라오는 너에게 무심하게 던진 말.

“강의 시간도 늦었는데 우리 나가서 술 한 잔 마실래?”

의외로 선뜻 동참한 너는 처음으로 마음을 열어 보일 수 있는 친구였다.

우리는 왕고래 주점 문 드르륵 열고 들어가 막걸리와 노가리 안주를 시켜 놓고 이런저런 이야기를 주고받았다. 우리는 스스럼없이 마음속에 있는 말 모두 꺼내 놓고 또 다른 안주를 만들었다.

순수한 너의 외모와 마음에 나는 호감을 느끼게 되었다. 직장 생활과 재수를 경험한 나는 적응하기 힘든 시절이었다.

그런 나에게 너는 처음으로 다가온 사람이었다.

술을 처음 마셔본다고 하면서도 거리낌 없이 잘만 삼키던 너의 모습은, 지금에 와서도 너의 그러한 모습은 잊히지 않고 내 추억의 책장에 한 문장으로 남아있다.

잊지 않고 연락하던 오래된 친구, 꾸밈없고 항상 소박한 나의 친구, 너와 만나지 한 달 만에 나는 휴학을 했지만, 그래도 너를 잊지 못하고 종종 캠퍼스를 찾을 때면 너는 예외 없이 나를 반겨주었다.

막걸리 마시기 좋아하며 안주는 아무것이나 잘 먹던 너, 주머니가 가볍더라도 만나면 한없이 즐겁기만 하던 그때의 너, 지금쯤 너는 무엇을 하고 있을까?

나는 그러한 너를 생각하며, 너와의 추억을 생각하며 이 길 위를 스스럼없이 걷는다. 오래전 추억에 잠겨 조심스럽게 걷는 이 길 위의 나는 여유로움을 한껏 만끽해 볼 생각이다. 좀처럼 지칠 것 같지 않은 시간의 이끌림을 받아들이며, 이곳저곳에 남아 있는 나의 흔적들과 만난다.

너와 자주 찾던 왕고래 주점에 홀로 앉아 술을 마셔보기도 하고, 동아리방에 들러 예전 모습을 떠올려 보기도 하고, 또 빈 강의실 한쪽에 앉아 잠시 졸음을 삼키기도 한다.

아무리 떠올리고 되새겨도 지루하지 않은 추억을 걷는 것은 아주 유쾌한 일이다.

그때는 네가 있었지만 지금, 이 순간은 나뿐이다. 너에게 너무 소홀했던 탓일까? 나는 이제 너의 연락처를 알지 못한다. 너무 바쁘게 살아온 탓이다. 아니, 그것은 핑계다. 나는 왜 이길 위를 걷는 것이 싫었을까?

오래전 그때의 기분으로 되돌아가, 왕고래 주점 드르륵 열고 들어가 너와 함께 진솔한 이야기를 나누고 싶다. 어쩌면 나의 욕심인지도 모르겠다. 너는 그때의 일들을 대수롭지 않게 생각하고 있을지도 모른다.

나만 그때의 기억에 연연하며 위안으로 삼고 싶어 하는지 모른다. 그리고 너에게는 원치 않는 기억의 조각일지 모를 일이다. 그 시절 한때의 흐름이었을 뿐이니까. 그것에 의미를 두고 있지 않음을 나는 탓할 수가 없다. 세상을 살아가는 제각각의 방향이 다르기 때문임을 안다.

나는 그때를 회상하며 내 여유로운 시간을 찾고 싶었다. 충분히 시간을 투자할 가치가 있는 여행임이 틀림없다. 나는 지난날의 나를 애써 부정하고 싶지 않다. 그래야 할 이유 또한 없다.

흐름은 받아들여야 하는 것이다. 그 속에는 맛있는 기억과 추억이 있다. 언제 다시 이 길 위를 걸을지 모르겠지만, 그래도 다시 찾아오겠다는 약속은 할 수 있다. 그것은 나를 잊지 않기 위함이다.

먼발치에서 클래식의 선율로 지저귀는 이름 모를 새들의 노랫소리는 감미롭고 풍요롭다. 자연스럽게 한 편의 시 구절을 음미할 수 있게 만드는 이 고독의 자리는 나를 다시 한번 생각하게 만든다.

그 언젠가를 생각한다. 나의 주위에 그 많던 친구들은 지금쯤 어디에서 무엇을 하고 있을까?

이 순간 그들이 금방이라도 달려와 그동안의 공백이 없었던 것처럼, 아무 일도 없었던 것처럼 너스레를 떨 것만 같은데. 그때의 그 순수하고 소박했던 모습이 그립다. 그 장난기 어린 얼굴들이 기다렸다는 듯 스쳐 지나간다.

나는 왜 이렇게 야위어 가고 있을까?
숨죽이는 나의 여린 모습에서 벗어나고 싶다.

마음으로 전해져 오는 그때의 향기가 나를 편안하게 이끌며 손짓하는데, 막상 나는 그 손을 잡을 수가 없다. 될 수만 있다면 그때로 되돌아가고 싶지만, 욕심임을 안다. 그래도 나는 아직 발버둥 칠 수 있다. 그 얼마나 다행인지 모른다.

나의 본모습은 자꾸만 퇴색되어 가고, 일상의 딱딱한 시간은 멈춤 없이 흘러가고 나는 그만큼 지쳐있다. 시간을 곧이곧대로 받아들이며 힘겨워하는 내가 애석할 따름이다.

나는 삶에 찌들어 가는 내가 아닌 예전의 내가 그리운 것이다.

나 자신을 유지하기 위해서는 스스로 의지하고 노력해야 한다는 것을 알고 있다. 이끌리듯 살아가는 나의 삶은 결코 내가 바라던 삶이 될 수 없다. 그것은 나의 삶이기 이전에, 일상의 테두리에 갇힌 물질문명의 억지스러운 움직임이며 강요일 뿐이다.

이 순간 나에게 여유와 희망을 품게 하는 이 사색의 자리.
이 여유로운 공간은 나에 대한 소홀함을 부끄럽게 만들고 있다 일상에 최선을 다하는 모습과 자신을 회피하지 않는 올바른 노력이야말로 스스로 만족한 삶을 이끌게 하는 것이다. 나는 왜 억지로 끌려다닌다고 생각했을까?

자! 일어서자. 그리고 힘찬 발걸음을 내디뎌 보자. 스스로 좀 더 여유로운 삶을 살기 위해서 필요한 것은 그것을 받아들이는 자세와 마음가짐이다.

지쳐 쓰러질 때까지 달려보자. 지치면 다시 자신을 회복시킬 수 있는 이 고독의 자리로 돌아와 나를 토닥일 수 있어야 한다. 그렇게 가끔은 여유로운 휴식을 취할 수 있어야 한다. 나를 위한 현명한 사용법을 잊지 말아야 할 것이다.

잠시 그 길 위에 서면

언제였을까요?

그다지 멀지도 그렇다고 가깝지도 않은 길 위를 걷고 있었는데 모든 것이 기억에서 지워진 길. 그 길을 걸으려 하지만 막상 용기가 나지 않습니다.

어디에서부터 시작할까요?

익숙한 길입니다. 내가 거침없이 걸어왔던 길이고 내 삶의 일부분인 길입니다. 가까이 다가서려 하면 조금 더 멀어지고 마는 길입니다. 나는 그때 도대체 무슨 생각을 하고 있었을까요?

잠시 그 길 위에 서 있습니다. 그때는 뭐가 그리 소중하고 간절했던 길이었을까요? 그런데도 나는 왜 자꾸 그 길 위에 서 있던 나를 부정하는 걸까요?

알 수 없이 무작정 흔들립니다. 그때의 나는 물론 나일 테지만 그러면서도 그때의 나를 내 자신이 아니었다고 부정하고 회피하려 합니다. 말도 안 되는 소리입니다. 나를, 그 길을 걸었던 나를 왜 거짓이라고 받아들이고 있는지 나는 모릅니다.

나는 나를 외면하려 하고 있습니다.
무엇이 나를 이렇게 만드는지?

다시 그 길을 걷고 싶어졌습니다. 잠시 그 길 위에 서면 나를 알 수도 있을 것 같았습니다. 그래서 걷기로 했습니다. 어차피 내가 걸어왔던 길이기에 나는 좀 더 차분하게 걷기 시작합니다. 부정할 수는 있어도 차마 외면할 수 없는 길이기도 합니다.

이제는 희미해진 길.

그 어디쯤인가도 모르는 그 길 위의 나를 찾기 위해, 기억을 찾기 위해 걸어 봅니다. 나를 헤아릴 수 있는 그 길을 떠올려 봅니다. 어쩌면 나는 그 길이 싫었는지도 모릅니다. 그 길 위의 내가 싫었는지도 모릅니다. 그렇다고 언제까지 부정할 수는 없습니다.

어쩌면 나에 의해서가 아닌 타의에 의해서 잠시 열렸던 길 위의 문이었을 겁니다.

나의 존재가 그다지 중요하지 않다고 생각했던 그때였습니다. 방향을 잃은 채 움츠리고 있던 나는 그때부터 무작정 걷는 것을 좋아했습니다. 하지만 아무리 걸어도 해답을 찾을 수는 없었습니다. 자꾸만 삐뚤어지는 나를 발견하면서 체념하는 것을 반복했습니다. 그래서 그 길 위의 나를 지우려 했는지도 모르겠습니다. 지금에 와서 생각하면 아무것도 아닌데 말입니다. 그 길의 도로명은 무작정입니다.

그때의 내가 지금의 나와 다름없음을 압니다. 그래서 굳이 자신을 외면할 필요는 없다고 생각합니다. 그런데 그런 나를 자꾸만 부정하고 싶은 건 또 왜일까요?

왜 그럴까요?

왜 나는 나이기를 부정하면서도 이 길을 걸어가는 걸까요? 나를 부정할 수 없게 만드는 무언의 힘이 존재하는 걸까요? 그래요. 내가 아무리 부정한다 해도 나는 어차피 나이기 때문에 나를 외면할 수 없습니다. 그 시간 속의 나는, 현실의 시간을 걷는 지금의 나와 다를 바 없습니다. 그때의 내가 없다면 지금도 나도 없을 테니까요.

그 모든 것을 내려놓으니 이 길이 내가 걷던 길임을 인식하게 됩니다. 나에게서 비롯된 길임을 알게 됩니다. 나를 받아들이고, 나임을 부정하지 않으면서, 되도록 그때의 내가 되어 갑니다. 내 존재의 가치를 인정하게 됩니다.

선명해지는 그 길을 나는 거부할 수 없습니다.

그때는 그랬습니다. 나의 입장에 대해 생각할 겨를이 없었습니다. 내가 할 수 있는 일이라고는 나를 가장한 나의 마음이 시키는 대로 움직이는 것뿐이었습니다. 그렇게 목적지도 없이 그저 앞만 보고 걸어가야 했습니다.

그래서 무작정 걸었던 겁니다. 그래서 받아들여야 할 내 자신을 미처 생각하지 못했던 겁니다. 그러나 지금은 그것이 그 얼마나 헛된 일임을 알고 있습니다.

선택의 문제였습니다. 나는 스스로 선명하지 않은 길을 선택했고, 그 길을 걸으려 했습니다. 어차피 누군가에게 의지하지 않고 내게 주어진 길을 걸어야 한다고 생각했기 때문입니다.

그렇게 걸었던 길입니다. 누구를 원망할 수 있겠습니까? 스스로 걸어간 그 길 위에서 마주친 것은 낯설면서도 익숙한 그 길 위의 식당이었습니다.

점점 더 선명해지는 그 길을 나는 조심스럽게 되짚어 봅니다. 의미 없이 무작정 걸었던 길이었습니다. 골목을 지나고 또 되돌아 나오기를 반복하던 내가 있었습니다. 그리고 허름한 식당 앞에 초라하게 서 있던 내가 떠오릅니다.

왜 그리 배가 고팠는지 모릅니다. 왜 그 식당으로 들어가고 싶었는지 모르겠습니다. 식당으로 들어가 백반을 주문했습니다.

“혼자 오셨소?”
“네.”

그렇게 나는 혼밥을 준비하고 있었습니다. 그런데 시간이 지나도 주문한 백반이 나오지 않았습니다. 그렇다고 70대 할머니의 느긋함을 재촉하지도 않았습니다. 그저 기다리기로 했습니다. 어차피 바쁜 일도 없었습니다. 재촉하지 않아도 주문한 음식은 어디로 도망가지 않을 테니까요. 그렇게 시간은 소리 없이 흘러가고 있었습니다. 그사이 식욕을 자극하는 냄새가 서서히 풍겨오기 시작했습니다.

나는 배고픔의 조건에 충분히 도달해 있었습니다. 그리고 얼마 후 식탁 위에 백반이 올라왔습니다. 동시에 나의 입에서 감탄사가 절로 터져 나왔습니다. 나의 식욕은 거침이 없었습니다. 시장이 반찬이라고 했던가요? 아니요, 그렇지 않았습니다. 반찬 하나하나에 정성이 깃들어 있었습니다. 소식을 하는 편이지만 맛깔스러움에 젓가락이 쉴 사이 없이 움직였습니다.

이거 백반이 너무 과한 거 아닌가? 세상에 이건 백반이 아니라 한정식인걸!

나는 생각했습니다.

급하게 먹느라 목이 메 물을 들이키면서도 그러한 생각에서 벗어날 수 없었습니다.

정갈하고 맛깔스러운 솜씨, 그와 동시에 느껴지는 정겨운 손맛에 매료되어 나는 정신없이 호사를 즐겼습니다. 그러면서도 백반의 가격에 고개를 저의면서 가격을 확인하고 또 확인했습니다. 너무 과한 성찬이기 때문이었습니다. 가진 돈이 얼마 없기에 신경 쓰이는 것은 당연한 일이었습니다.

식사를 끝내고 계산하려는데.

“맛있게 먹었어? 그리고 너무 애쓰지는 마. 시간이 해결해 줄 테니까. 답답할 때는 그냥 앞만 보고 걷는 거야. 아무 생각 없이. 다음에 또 만날 수 있으려나 모르겠네.”라고 할머니가 말했습니다. 마치 외할머니의 다정다감한 미소처럼.

알고 있었을까요?

그 당시 나는 재수생이었습니다. 벌써 알고 있었다는 듯 말씀하시는 할머니의 말에 꽉 막혀 있던 내 가슴이 텅 빈 것처럼 뻥 뚫렸습니다.

어느 길, 어느 골목의 그 할머니는 지금도 그렇게 존재하고 있을까요?

그 할머니는 삼신할머니였는지도 모릅니다. 나는 그 이후 그 식당을 찾을 수가 없었습니다. 주위에 그 식당을 물어봐도 모두 모른다고 말했습니다.

누구였을까요? 진짜 삼신할머니였을까요?

나는 알 수 없는 그 길을 되짚어 걸어 봅니다. 그 길과 그 골목길에서 나는 잠시 나를 생각합니다.

점점 선명해지면서도, 점점 흐릿해지는 그 길을 나는 정말 걸었던 걸까요? 꿈을 꾼 것은 아닐까요? 어떻게 정의를 내려야 할지 지금도 막막합니다.

그렇게 생생한 기억 속에서 막연히 희미해질 수도 있는 걸까요? 생각해 보면 그 식당을 발견한 것은 우연이 아닌 듯도 합니다. 나는 다른 그 어떤 힘에 이끌려 희미한 그 길을 걸었는지도 모르겠습니다.

마치 한낮의 낮잠에서 불쑥 튀어나온 꿈처럼, 다가왔다가 한순간 사라져 버린 그 식당은 존재하기는 하는 걸까요? 참, 이상한 일입니다. 아무리 찾아도 찾을 수 없는 그 시간 속에 존재하고 있던 할머니의 손맛이 그리워집니다.

그날 이후 그 식당은 애써 찾아도 찾을 수가 없었습니다. 그 할머니는 막연한 존재가 되어버렸습니다. 누구였을까요?

그 식당을 찾기 위해서 나는 이 길을 걸어갑니다.

다시 만날 수 있기는 한 걸까요? 그, 할머니를 다시 만난다면 나는 "그렇게 애쓰지는 않았어요."라고 말할 겁니다. 하지만 그 어디에도 그 식당으로 향하는 이정표는 없습니다.

그 길 위의 나를 촘촘히 생각해 봅니다. 그 길 위에서 또 다른 나를 발견하게 됩니다. 나는 또 그 길 위를 걸어갑니다.

그것은 시간의 선상입니다. 나는 언제나 그 길 위에 있었습니다. 나는 그 길 위를 항상 걷고 있었습니다.

하지만 아직도 모릅니다. 그 알 수 없음을 이해할 수 없습니다. 그래도 마냥 걸어갑니다. 이렇게 걸어가다 보면 언젠가는 알 수도 있지 않을까요?

그 식당을 다시 발견하게 되었으면 좋겠습니다. 나는 아직 배고프기 때문입니다.

너는 내가 될 수 없는데

한여름 무더위 속 조금의 그늘도 드리워지지 않은 그곳에 앉아 갈증을 참아가며 묵묵히 외로움을 달래고 있습니다.

아무도 없는 황량한 곳, 한줄기의 바람조차 용납되지 않는 무기력한 흐름만 지난하게 자리하고 있습니다. 물조차 제대로 마시지 못한 채 힘겨워하는 혼자인 나의 모습은 애처로울 뿐입니다.

밤이 되길 간절히 바라면서도, 밤이 되면 혼자라는 두려움을 마주하기 싫기에 차라리 이 무더위가 좋을 듯도 합니다. 이곳은 나약하고 끈기 없는 나를 일으키기 위해 찾아온 곳입니다.

마음을 달래기 위해 찾아든 이곳은 나의 연약함을 더더욱 잔인하게 발로 짓이기고 있습니다.

메마른 시간!
사랑으로 촉촉했던 그때의 시간이 그리워집니다.

그럴 때마다 생각하는 것은 그 언젠가로 되돌아가고 싶다는 투정뿐입니다. 하지만 그 촉촉했던 시간은 돌이킬 수 없는 저편에 자리하고 있습니다. 돌아갈 수 없는 미련의 시간일 뿐입니다.

예전의 행복했던 나날 속에 연연하고 안주하려 하면 점점 더 초라하고 나약해질 뿐입니다.

다시 돌아온 지루한 시간, 오래전 나의 소박했던 모습으로 되돌아와 새로운 삶의 방향을 제시하고 계획하며 끌어 나가야 합니다.

이 시간은 외로운 시간만은 아닙니다. 외로움의 시간이기 이전에 반성의 시간이라는 표현이 적절할 겁니다.

나를 돌이키고 생각할 수 있는 절제의 시간이어야 합니다.

갈증으로 인한 괴로움을 극복하여야 하는 시간입니다. 나를 생각하고 다스릴 수 있는 순간입니다.

나를 회복시키지 못한 채, 자책과 서글픔으로 울먹이며 회피한다면 나의 인생은 무참하게 무너져 내리고 말 겁니다. 덧난 상처를 치료할 수 있는 상황이어야 합니다. 쉽게 치료할 수 있을 겁니다. 잠시 힘은 들겠지만, 결코 시간은 헛되지 않을 겁니다.

마음을 단단히 먹어야 합니다.

상처받은 마음과 육체를 회복할 수 있을 때 자신만만하게 삶을 이끌 수 있을 겁니다. 이 시간의 반성과 깨달음으로 인하여 좀 더 여유로운 방향을 바라볼 수 있을 겁니다.

아직은 늦지 않았습니다. 지금, 이 순간을 놓치고 만다면 나는 혼자 일어서는 법을 잊을지도 모릅니다. 그래서 지금이 그 어느 때보다 중요한 겁니다.

*

너를 잊기 위해 찾아든 곳.

며칠 밤낮을 가리지 않고 찾아든 너의 생각에 나는 지쳐있다. 바람 부는 강가 한쪽에 우두커니 강물을 바라보고 앉아, 가슴으로부터 밀려오는 울분을 소리 죽여 되씹어 보지만 미련으로 가득 찬 허망함뿐이다.

너를 잊는다는 것이 결코 쉬운 일이라고는 생각하지 않는다. 그렇다고 이렇게 힘이 들 것이라고는 생각하지는 못했다. 외로움이 지속되는 나날 속에서 나의 모습은 갈수록 수척해지고 야위어 간다.

이별은 감히 상상할 수도 없었던 커다란 괴로움과 아픔을 가져다주었다. 나는 서글픔으로 또 다른 나를 발견하게 됐다. 그리고 너와 나 사이에는 다가섬의 감정이 존재하지 않는다는 것도 알게 되었다.

이제는 돌이킬 수 없는 일. 돌이키려 하면 아픔만 되살아나 가슴만 내려앉는다. 부질없음을 알기에 이제는 모두 떨쳐버려야 한다.

아침이면 강가에 서서 또 후회하고 자책하겠지만, 그럴수록 나만 초라해질 뿐이다. 하지만 너와의 즐거웠던 시간을 애써 외면하지는 않을 것이다.

다시 일상으로 돌아가면 마음이 또 흔들릴지 모르겠지만, 이 시간이 지나면 더는 너의 생각에 머물러서는 안 된다. 차가운 이별로 너를 받아들여야 한다. 그렇다고 꼭 차가운 이별이어야 한다는 법은 없다. 나는 내 방식대로 따듯한 이별을 고집해 본다.

그래 이 순간만큼은 떠오르는 너의 생각을 거부하지 말고 다가오는 그대로 받아들이자. 그리고 더는 구차한 생각으로 서로에게 부담을 주어서는 안 될 것이다.

이 시간이 지나가면 그뿐. 나는 네가 될 수 없고 너는 내가 될 수 없음을 인정해야 한다.

이별은 그 자체로 받아들여야 한다.

너의 생각으로 어두워지는 밤, 산 저편 골짜기에서는 소쩍새 울음소리 간절하고 나는 서서히 어둠을 밝힌다.

나는 너 없이 다시 걸을 준비를 한다. 너도 멈추지 말고 다시 걸을 수 있기를 바란다. 그렇게 우리는 각자의 방식대로 방향을 정하고 걸어야 한다.

이제 시작이어야 하는 삶이다.

*

혼자만의 이별 여행을 끝내고 돌아오는 길.

비포장도로를 내달리는 시골 버스에 몸을 의지하고 앉아 평화로운 시골 정경을 바라봅니다.

버스 기사는 여유롭기만 합니다. 나름 기다리는 법도 압니다. 무거운 짐을 들고 버스에 오르는 할머니를 거들어 주는가 하면 버스를 타기 위해 달려오는 사람들을 기다릴 줄도 아는 느긋함이 있습니다.

승객들과 이런저런 이야기를 주고받으며 흥이 나게 웃어주는 버스 기사의 마음만큼이나 나도 흥에 돋아 홀가분해지기 시작합니다.

외로움의 시간과 반성의 시간 그리고 쓸쓸함은 이미 나의 등 뒤로 사라지고 이제는 이별에 연연하지 않습니다.

비포장도로를 달리는 버스의 덜컹거림은 가을의 향기만큼 흥미롭습니다. 차창 밖으로 내려다보이는 억새의 바람 타는 모습은 마음을 온화하게 적셔주고, 단풍이 깃든 나무들은 풍요로운 마음을 안겨줍니다.

다시 시작하여야 하는 혼자의 모습을 확인하며 어차피 인생은 홀로서기라고 생각합니다. 모두 정리한 뒤의 홀가분함은 무엇이든 시작할 수 있을 것 같은 마음가짐을 갖게 합니다. 마을과 마을을 지나는 사이에도 버스는 한적합니다. 만원 버스를 상상하지 않습니다. 종점을 향한 활기찬 발걸음은 또 다른 시작을 위해 다시 설렙니다.

이별로 인해 깨닫게 된 배움의 시간이었습니다. 그로 인해 나의 삶은 또 다른 길을 걸을 수 있게 된 것이며, 더 큰 용기를 지닐 수 있게 되었습니다.

그 배움의 장소에서 지내왔던 뼈아픈 시간은 내 젊음의 한자리에 추억으로 소중히 간직될 겁니다. 그리고 영원히 잊히지 않을 겁니다.

잠시 나약하고 볼품없던 나의 그림자는 그곳에 남겨두는 것이 옳았습니다. 더는 그 어떤 미련으로도 나를 감추거나 내세우지 않을 겁니다. 시간이 흐르는 대로 발걸음을 맞추면 그만입니다. 더 큰 욕심은 내지 않겠습니다. 벌써 그렇게 정리되어야 할 문제였습니다.

어차피 공식은 없었던 겁니다.

나를 나일 수 있게 만드는 너에게

나의 나약함을 반성해 본다.

이러한 모습이 내가 절실히 원하던 모습이었나에 대해, 그리고 내가 걸어온 길이 올바른 길이었는지에 대해 다시금 생각한다.

과연 바른 자세로 이곳에 자리 잡고 있는 것인가?
삶의 부추김에 이끌려 이곳에까지 이르게 된 것은 아닌가?

스스로 판단하며 행동하고 좀 더 자신 있게 인생을 살아왔다면 이처럼 허무한 감정과 미련은 없었을 것이다. 하지만 후회할 수는 없다.

나는 나 스스로, 내 틀을 만들어 놓고 그곳에서 벗어나지 않으려 안간힘을 썼다. 스스로 자신을 외면하고 포기한 것이 틀림없다. 이 순간 더더욱 용서할 수 없는 것은 나약하고 초라한 나의 모습이다.

내 운명을 개척해 나가기보다는 그 자리에 안주하며 더는 그 어떤 노력도 하지 않는 과오를 범한 것이 지금의 나를 만들어 놓았다.

잘했다고, 그만하면 됐다고 자만에 빠져있었다. 나를 내세우지 않은 것은 본의 아닌 희열을 느끼고 그것에 만족하려 했기 때문이다.

마음을 열어 보이지 않고 거짓을 포용하고, 난관을 이겨내기보다는 관망하는 자세로 삼자의 입장에서 무책임하게 나를 지켜보고 있었을 뿐이었다.

이미 예전의 예민한 감수성과 풍부한 상상력을 무디게 만들었고, 심지어는 그 자그만 꿈까지 포기했던 나는 진정한 내가 될 수 없다. 어쩌면 나는 나이기를 포기하고 있었는지도 모르겠다.

진정한 내가 되기보다는 무책임하고 나약한 나 아닌 내가 되어버렸다. 그리고 나를 그저 의미 없이 바라만 본 것이 문제였다.

자기 행동을 파악하고 숙고하기보다는 노력도 하지 않고 후회하는 나는, 자신에 대한 책임과 의무를 포기한 엉성한 인간일 뿐이다.

이 순간 가장 잔인하게 나 자신을 매도하고 싶다. 노력의 대가를 알면서 노력하지 않은 것은 비난받아도 마땅한 이유다. 이러한 모습을 보이기 위해 삶을 지탱해 온 것은 아니다. 이러한 나를 받아들이기 위해 나를 유지하고 준비해 온 것은 아니지만, 나는 그만 실수를 범하고 말았다.

언제까지나 이런 나를 병약하고 욕되게 내버려 둘 수는 없다.

일어서야 한다.
일어나야 한다.

초라한 모습으로 삶을 헛되게 만들 수는 없다. 후회의 눈물로 삶을 마감하고 싶지는 않다. 나의 젊음을 흐지부지 내버려 둔다면 나는 나 자신을 용납할 수 없을 것이다.

오래전에 돌이켜 보아야 했을 나의 모습이다. 그러나 아직 늦지는 않았다. 더는 이대로 삶의 의미를 망각한 채 나 자신을 내버려 두어서는 안 된다.

내가 이 세상에 존재하는 한 그러한 연유로 더욱더 적극적이어야 한다. 삶의 방향을 더는 놓치고 싶지 않다. 길 위에서 목표 없이 헤매는 것도 이제는 지쳤다. 이대로 나를 내팽개치고 나중에 나 자신을 원망하고 자책하는 일은 결코 있어서는 안 된다.

그러기 위해 나는 시간을 꼭꼭 씹어 삼킬 예정이다. 더는 탈날 일이 있어서는 안 되기 때문이다. 당당하게 나를 바라볼 수 있어야 한다.

*

술에 흠뻑 취하고 싶습니다.

괴롭고 고통스러운 일 모두 잊어버리고, 술에 흠뻑 취해 비라도 내리면 그 비를 온전하게 모두 맞으며 빗속을 하염없이 걷고 싶습니다. 비틀거려 땅바닥에 곤두박질치더라도 아랑곳하지 않고 미련스럽게 계속해서 걷고 싶습니다. 그렇게 나는 나 자신을 멈출 수가 없습니다. 또한 주체하지 못할 것만 같습니다.

다음날 술에서 깨면 후회하고 부끄러워하겠지만, 이 순간만큼은 코가 삐뚤어지도록 퍼마시고 싶습니다.

누가 보면 미친놈이라고 생각하겠지만, 그것을 염두에 두지 않고 마시고 붓고 취하고 싶습니다. 아마 당신이 나의 그러한 모습을 보면 실망하겠지만 그래도 나는 취하겠습니다.

내가 아닌 다른 모습으로 세상을 대하고 싶습니다. 일순간 좌절한 모습의 나를 지켜보고 싶습니다. 낙오자가 되고 폐인이 되면 어떻게 될까? 하고 한번 열중해 보겠습니다.

당신은 이러한 나의 마음 이해하지 못할 겁니다. 방황하고 발악하는 나의 모습을 당신은 포용하지 못할 겁니다. 그래도 상관없습니다.

차라리 미치고 싶습니다. 제정신이 아닌 나를 바라보고 싶습니다. 돌이켜 볼 가치도 없는 나로 존재하고 싶습니다. 이 순간만큼은 내가 아니고 싶습니다.

하지만 막상 술을 시켜놓고 자리에 앉아 있으려니 생각처럼 쉽사리 술에 취하지 않습니다. 평상시와는 달리 술이 더 쓰게 느껴졌고, 속에서도 받지 않아 두어 잔 겨우 마신 뒤 줄어들지 않는 술을 바라보고만 있습니다.

억지로 술잔을 기울여 보지만 취하기보다는 역겹기만 합니다. 마음대로 취할 수도 없는 내가 바보스러울 뿐입니다.

나의 깊은 곳에서 무의식적으로 존재하는 잠재력을 무시할 수가 없습니다. 나를 나일 수 있게 이끄는 그 무엇이 나를 포기할 수 없게 합니다.

나를 나일 수 있게 하는 힘!

그것으로 인해 나는 나 자신을 못 본 채 내버려 둘 수가 없습니다.

핑계일 테지만 당신 때문인가 봅니다.

나에 대한 책임감을 저버릴 때 당신은 내 곁을 망설임 없이 떠날 겁니다. 당신이 이러한 나를 어디에선가 지켜보고 있을 것 같아 스스로 겁을 먹었던 것 같습니다.

나 자신도 망가지는 나를 지켜보고 싶지 않습니다. 그럴 일도 없을 테지만 그러한 생각을 해서도 안 됩니다.

삶을 이끄는 것은 나 자신입니다. 그런 내가 나를 포기 한다는 것은 나에 대한 망각입니다.

나는 나여야 합니다.

이 세상에 나란 존재는 오직 나뿐입니다. 그러기에 나를 아끼고 사랑해야 하는 겁니다. 나를 방치하고 싶다는 생각은 절대 해서는 안 됩니다.

오직 나이기에 나는 그만큼 소중해야 합니다. 둘도 없는 나이기에 나는 스스로를 자각해야 합니다. 언제든 스스로 일어설 수 있는 홀로서기의 자세가 갖추어져 있어야 합니다. 현실을 걸어가고 있는 자신을 망각해서는 안 됩니다. 나는 나이기 때문입니다. 나는 남이 될 수 없기 때문입니다.

그 시간 속에서

마음먹고 걸어 봅니다.

그때는 이런 시간조차 아까울 때가 있었습니다. 하지만 마음 약해질 때면 걷는 것이 버릇되어 버리고 말았습니다. 그렇다고 그것이 흠이 될 수는 없습니다. 지금의 나를 되새길 수 있는 그 한걸음이 될 수도 있기 때문입니다. 그 걸음을 포기하는 것은 자신을 등한시하는 것과 같습니다.

스스로 걸어가는 겁니다. 알려 주는 사람은 없을 겁니다. 조금의 조언은 해 줄 수 있겠지만 당신의 길을 대신 걸어주지는 않습니다.

그 길은 스스로 느껴야 하는 겁니다. 그리고 또 그것으로 인해 자신에 대한 만족을 느낄 수 있어야 합니다. 하지만 우리는 모릅니다. 걸어가면 갈수록 길 위의 나는 자꾸만 퇴색되어 간다는 것을.

간혹 길을 잃기도 하는 겁니다. 그래서 올바른 길을 걷기 위해 노력하는 것입니다. 제자리로 돌아가서도 더는 길을 잃지 않기 위해 조심스럽게 걷는 겁니다.

자꾸만 자신을 잃어 갑니다. 예전의 나였다면 분명 그럴 일은 없었을 겁니다. 그런데 나는 왜 자꾸만 나를 잃어가는 걸까요?

그래서 또 마음먹고 걸어 봅니다. 걷다 보면 알 수 있을지도 모르기에 무작정 걸어 봅니다. 걷다 보면 때로는 마음을 비울 수도 있습니다. 내가 아닌 또 다른 내가 될 수 있다는 말입니다. 그런데도 우리는 걷는 것에 소홀하고 때로는 그 걸음에 짜증 낼 때도 있습니다. 그 걸음은 결코 바보 같은 짓이 아니라는 것을 알아주었으면 합니다.

그 발걸음을 생각해 봅니다.
그래요.

사랑을 향한 걸음일 수도 있고, 앞으로 나에 대한 투자일 수도 있습니다. 하지만 자신이 외톨이라고 생각하거나, 꼭 성공해야지만 모든 것이 이루어진다고는 생각하지 마세요. 만약에 그렇다면 당신은 결코 헤어 나올 수 없는 끝없는 사막의 모래 수렁에 빠지고 말 겁니다.

그 수렁 속에서 모래가루를 마시며 삶이 아닌 죽음의 아주 아찔하고 쓴맛을 느끼게 될 겁니다. 입술, 혀, 식도, 폐를 지나면 삶이 더욱더 간절해질 테고, 아무리 간절하게 원해도 헤어 나올 수 없는 자신을 탓하고 원망하게 될 겁니다.

안심하세요! 피는 토하지 않고 질식사할 테니까요. 그런 것을 원하는 사람은 물론 없습니다.

어떻게 할까요?

그냥 마음 굳게 먹고 걸어 볼까요?
그냥 나를 포기할까요?

그것은 나 자신을 짓누르고, 나 자신을 버리는 일입니다. 나를 바보처럼 내팽개치는 겁니다.

스스로 그런 나를 만들어서는 안 됩니다. 자신을 바보처럼 깎아내려서는 절대 안 됩니다. 알면서도 때로는 잘못된 선택을 하기도 합니다. 그것은 자신에 대한 오류입니다. 자신을 절대 사랑하지 않은 겁니다. 또한 자신의 소중한 모든 것을 잃는 겁니다.

잘못된 것은 고치면 됩니다. 하지만 바로 잡을 수 있는 것은 한정되어 있습니다. 그 범주를 넘어선다면 돌이킬 수 없음에 자책의 나날을 보내게 될 겁니다.

자신의 삶을 그리고 존재에 대한 의미를 잃어서는 절대 안 됩니다. 그 자체를, 그 시간을 수정할 수 없기 때문입니다.

견디고 또 견디다 보면 자신을 알게 될 겁니다. 그렇게 시간은 가고 그 시간 속에 있는 자신을 발견하게 될 겁니다. 견디고 있는 자신이 자랑스러울 수도 있을 겁니다.

누군가의 조언은 위안이 될 수도 있겠지만 그렇지 않을 수도 있습니다. 그러나 우리는 알고 있습니다. 삶은 늘 흥미롭다는 것을.

생각하기 이전에 먼저 다가가는 겁니다. 그러다 보면 스스로 알게 될 겁니다. 마냥 걷는 겁니다. 한동안은 그렇게 걸어야 하지만, 또 한동안은 자신에 대해 생각하게 될 겁니다. 그렇게 걷는 겁니다.

걷다 보면 남의 시선이 아닌 내 자신의 시선에서 나를 바라볼 수 있을 겁니다. 자신을 따돌리거나 괴롭혔던 그들에 대한 원망도 걷다 보면 떠오를 겁니다.

그들은 그들 나름의 죄책감에 시달려 안절부절 시간을 옥죄고 있을지 모릅니다. 그런 그들에게 당신은 있는 그대로 모습을 보여주면 되는 겁니다.

그들은 그 시간 속을 벗어나지 못한 채 스스로를 자책하고 또 증오할 겁니다. 왜 그랬는지, 또 왜 그래야 했는지에 대한 반성이 있을 겁니다.

자신의 실수에 대해 직시하고 인정하게 될 겁니다. 실수라는 말은 통하지 않습니다. 실수라고 말하는 것은 핑계일 뿐입니다. 지난날이라는 전제를 달아서도 안 됩니다. 그것은 자신에 대한 철저한 회피입니다.

진심이 담겨 있어야 합니다. 진심 없는 사과는 썩은 사과입니다. 몸속에 자라고 있는 기생충의 원인입니다. 그렇다고 진정한 사과를 외면해서는 안 됩니다. 때로는 그런 상대가 더없이 친근한 내 편이 될 수도 있기 때문입니다.

강요하거나 조언할 필요도 없습니다. 이해하게 할 필요도 없습니다. 그들은 알고 있습니다. 알면서도 내색하지 않을 뿐입니다. 알면서도 기회를 놓친 그들일 수도 있습니다.

시간은 절대 멈추지 않습니다. 그러다가 악연이든 필연이든 자기 생각과 달리 만날 수도 있습니다. 과거의 잘못을 인정하기보다 오히려 피해자라고 자신을 내세울지 모릅니다. 적반하장입니다.

삶을 걷다 보면 여러 부류의 사람을 만나게 됩니다. 그렇다고 거리를 둘 필요는 없습니다. 걸어가는 것처럼 겪어서 가면 되는 겁니다.

우리는 늘 걸어갑니다. 하루의 첫걸음을 왼쪽 발로 시작하는지 오른쪽 발로 시작하는지 신경 쓰지 않습니다. 그저 걸어갑니다.

그냥 걸어가는 겁니다!
그냥 흘러가는 겁니다!

그러나 자신을 눌러가면서까지 시간의 흐름을 받아들일 필요는 없습니다. 잠시 스스로 멈추고 생각하는 법도 알아야 합니다.

뭐, 아까운 시간을 낭비할 필요는 없습니다.

상대에게 진정한 사과를 받으면 되는 겁니다. 그래도 용서할 수 없다면 그냥 같이 걸어 보는 겁니다. 그래도 안 된다면 굳이 상대의 잘못을 이끌 필요는 없습니다. 아마 상대는 당신을 가해자로 몰지도 모릅니다. 그런 사람은 그러려니 하면 됩니다. 악담도 할 필요 없습니다. 그러한 사람 치고 잘 되는 사람은 없습니다.

만약 그런 사람이 있다면 늦기 전에 진심으로 사과하고, 어두운 그 시간의 그림자를 지우려 노력해야 합니다. 그렇지 않으면 그 시간이 잠식되어 자신을 가둘 겁니다.

그 시간 속에서 스스로 지독한 아픔을 마주하게 될 겁니다.

사과하지 못한 것에 대한 괴로움으로 오늘의 하루가 절대 평온하지는 않을 겁니다. 알면서도 망설이는 것은 자존심 때문입니다.

아직도 자신이 어떤 부류인지 궁금한가요?
아직도 변함없이 흘러가는 자기 모습에 만족하나요?

정말 그런가요?
그런 당신이었나요?

그렇다면 당신은 변함없는 그 자체입니다. 언제까지나 스스로를 내세울 사람이며, 그에 대한 자기 최소한의 물음에도 답변할 수 없는 스스로 거짓된 인격체가 될 겁니다.

다시 한번 생각해 보세요!

우리는 시간 위를 걷고 있습니다. 그 시간이 그저 흐르면 그만이고, 그 흐름 속에 존재하는 삶이라고 단정 지어서는 안 됩니다. 시간은 우리가 알지 못하는 무한함을 포함하고 있기 때문입니다.

당신은 꼭 반성해야 합니다. 그것이 흐름이고 그 언젠가의 흐름 속에 당신이 따돌림의 대상으로 존재할지도 모르기 때문입니다.

명심하세요!

그렇게 마음먹고 걸어가는 길입니다. 뭐 걷다가 지칠 일은 없겠지만 잠깐 쉬어갈 멈춤은 존중합니다.

홀로 앉아 있는 이 공간은

누군가와 만나서 속 시원하게 나의 답답한 마음을 모두 털어 놓고 싶습니다.

무작정 발길을 재촉하면 그러한 누군가를 만날 수 있을 것만 같았습니다. 하지만 그것은 나의 욕심일 뿐 그 누군가의 흔적은 찾을 수 없었습니다.

막상 용기 내어 전화하면 나의 기대는 영락없이 허물어져 버리고, 나는 갈길 잃은 사람처럼 주저앉아 넋을 잃고 맙니다. 몇 번이고 전화해 보지만 나와의 만남을 열어 주는 사람은 없었습니다.

쉽게 이루어질 거로 생각했던 만남은 싸늘하게 외면당하고 외로움만 커져서 갑니다.

어느 한 사람쯤 나를 위한 시간을 배려해 줄 거로 생각했지만 부질없는 생각이었습니다.

다시 거리로 나와 걸으며 누군가를 생각하지만 만남은 오히려 짜증스러운 언변으로 나를 무료하게 만들고 있습니다.

*

한참 이곳에 앉아 있어도 그는 오지 않습니다. 그는 나와의 약속을 잊고 있는지도 모릅니다. 지루함과 따분함으로 정지된 시간입니다. 그 시간 속에 앉아 있는 나는 누구인가에 대해 생각합니다.

잠시 멈추어진 시간 사이로 한낮의 무기력함이 밀려 들어와 그 어떤 의미도 부여하지 않습니다. 그에게 전화해 보지만 신호만 갈 뿐 그는 전화를 받지 않습니다.

늦었지만 그는 이곳을 향해 발걸음을 서두르고 있을지도 모릅니다. 나는 기다림을 애써 참고 있습니다. 그라면 삼십 분이건 한 시간이건 기다릴 수 있어야 합니다.

바쁜 시간도 잠시 멈추어 가는 여유가 있어야 합니다.

싸늘하게 식은 찻잔을 무의식중에 입으로 가져갑니다. 그러나 식은 커피는 은은한 향기와 달콤함을 지니고 있지 않습니다.

담담하게 주위를 살피며 그의 출현을 기대합니다. 어쩌면 그것은 나의 바람인지도 모릅니다.

다시 테이블에 아이스아메리카노를 올려놓습니다.

기다림은 꽤 많은 인내와 배려가 필요합니다. 나는 그만큼 그를 믿고 있습니다. 오지 않을지도 모르는 그와 만남을 위해 시간을 묶어두고 있는 나는 점차 지쳐가고 있습니다. 하지만 그 기다림을 포기할 수 없습니다.

시간이 멈추어진 것 같습니다. 그와 나를 생각하는 시간 동안은 시간이 제 위치를 잡지 못한 채 흐르지 않을 겁니다. 우선은 그를 만나야 합니다.

그에 의해 시간은 말을 잃고 말았습니다. 시간은 자신의 본질을 찾으려 하지 않고, 자신의 위치를 내세우려고도 하지 않습니다.

아직은 멈춤 그 자체입니다.

멈추어 있는 듯하면서, 어느새 먼 거리를 확인하게 하는 시간은 나를 향해 투박한 침묵을 전합니다.

그는 오지 않을 모양입니다.
약속은 이제 의미를 지니지 못합니다.

이미 깨어진 약속이니 약속이라 말할 수 없고 약속 장소라 생각할 수 없는 이곳입니다. 하지만 나는 이곳을 떠나지 못하고 무덤덤하게 앉아 있습니다.

막상 갈 곳도 없습니다. 텅 빈 시간입니다. 그를 위해 모두 비워낸 시간은 덩그러니 나만 남겨 놓았습니다. 그렇다고 목적지 없이 거리를 걷고 싶지도 않습니다.

이 순간 나의 의지로 스스로 구속되고 만 것입니다. 몇 시간이 지난 지금 당장이라도 자리를 박차고 나가 버리면 그만입니다.

그러나 이곳을 벗어난다고 한들 약속에 대한 미련을 버릴 수 없을 겁니다. 그와의 약속으로 비워 놓은 공백을 무엇으로 채울 수 있겠습니까.

그를 기다리고 있다기보다는 시간을 담기 위해 이렇게 앉아 있다는 표현이 옳을 것입니다. 그와의 약속은 이제 빌미밖에 되지 않습니다. 그렇다고 그것을 빌미로 그를 탓하고 싶지는 않습니다.

이제 기다림은 나의 의지가 되어 버렸습니다.

나의 의지로 인해 나는 평화롭고 온유한 오후의 한때를 즐기고 있습니다. 애써 벗어나려 발버둥 치지도 않고 애써 미련하게 약속을 고집하지도 않을 겁니다.

그저 마음 이끌리는 데로 나 자신을 돌아보게 하는 이 약속된 시간은 지루하지 않습니다. 그렇다고 적극적이지도 비적극적이지도 않은 시간입니다.

어쩌면 휴식이라는 표현이 맞을지도 모르겠습니다.

창밖의 분주한 발걸음이 움직입니다. 그 공간 사이에 나는 그와 나의 관계를 천천히 다시 생각합니다.

*

공원에 홀로 앉아 있는 당신의 모습이 애처로워 보입니다. 퇴근 시간이 지나 서글픔을 달래려 당신은 그곳을 찾았습니다. 답답한 마음을 잠재우려 하지만 당신은 결코 불행하지도 힘겹지도 않을 일을 애써 어려운 쪽으로 스스로 이끌려 하고 있습니다.

잠시 마음을 가라앉히고 진정하십시오. 한결 여유롭게 자신을 바라보면서 그동안 있었던 일들을 차분하게 생각하는 겁니다.

지금 당신이 경험하고 있는 상황은 누구나가 다 겪었던 일이며 겪을 수도 있는 일입니다. 그것을 부정하고 자신만 힘들다고 생각한다면 당신 앞에 주어진 어렵고 힘든 일들이 절대 만만하지 만은 않을 겁니다.

자신을 경멸하고 자책하며 괴로워하고 있을 수만은 없습니다. 당신의 자존감을 일으켜 세워야 합니다.

자신에게 처한 어려운 일들을 해결하기 위해서 당신은 자신을 되돌아보아야 합니다. 어디에서부터 잘못된 것인지 파악할 수 있어야 합니다.

무턱대고 그 모든 것이 자기 잘못인 양 싸잡아 자신을 비난하거나 자책해서는 안 됩니다.

요점을 파악하고 자신을 탓해도 늦지 않습니다. 그렇다고 남을 탓하라는 말은 더더욱 아닙니다. 당신 잘못을 인정하고 한 발짝 떨어진 위치에서 자신의 잘못된 부분이 어디였는지에 분석하라는 것입니다.

충분히 분석하고 이해할 수 있을 때 당신은 그 난관을 헤쳐나갈 수 있을 겁니다. 그렇지 않고서 움츠러들고 자신을 한없이 책망한다면 당신은 그 위치에서 더는 벗어날 수 없을 것입니다.

차분하게 숨을 쉬어보세요.

한동안 아무것도 하지 않은 채 시간을 보내며 자신에 대한 화를 가라앉히는 겁니다. 스스로 자신을 받아들일 여유를 가져야 합니다. 그리고 원인을 찾아 그것에서 비롯된 잘못을 바로잡아야 합니다.

이 순간 훌훌 털어버리고 자신을 이끌어야 합니다.

당신이 공원에 홀로 앉아 과대한 피해의식과 비관적인 생각들로 괴로워하고 힘겨워야 할 이유는 없습니다.

당신은 자신을 이해하고 책망하며 또 다듬고 생각할 수 있는 시간을 가져야 합니다. 그러나 그것은 당신 자신을 올바로 바라볼 수 있을 때 가능한 일입니다.

먼저 자신에게 닥친 일을 어느 정도 마무리 짓고 난 후에 그러한 자리가 마련되어야 합니다. 자신만을 내세우고 방관한다면 당신에게는 그러한 자리는 주어지지 않을 것입니다.

준비되었을 때 스스로 그 상황을 이겨낼 수 있는 겁니다. 당신은 훌쩍 성숙한 자기 모습에 만족할 수 있을 겁니다. 가끔은 자신을 돌아볼 수 있는 여유를 지녀야 합니다.

공원 벤치에 앉아 있는 당신이 애처로워 보이지만 그렇다고 절대 초라해 보이지는 않습니다. 오히려 그러한 당신의 모습이 사랑스러워 보입니다.

당신도 바보 나도 바보

결혼했다고 해서 사랑이 모두 성취된 것은 아닙니다. 만약 그렇게 생각한다면 그것은 큰 오산입니다.

결혼은 하나의 운명체로 또다시 시작되는 삶의 새로운 출발입니다. 또한 앞으로 겪어야 할 많은 나날 속에 새롭게 출제된 문제지입니다.

그 문제지 속에는 혼자 쉽게 풀 수 있는 문제가 있지만, 둘이 머리를 맞대더라도 풀 수 없는 문제가 포함되어 있습니다.

문제의 비중은 혼자일 때보다는 어려운 쪽으로 치우치게 될 겁니다. 당신이 상상도 못 할 문제가 준비되어 있을 겁니다. 때로는 어려운 문제여도 쉽게 풀 수 있고, 쉬운 문제를 어렵게 풀 수도 있을 겁니다.

그 문제를 어떻게 풀어 가느냐에 따라, 그리고 서로의 믿음이 얼마나 굳건한지에 따라서 당신은 행복과 불행의 갈림길에 서게 될 겁니다.

결혼했다고 해서 모든 것이 저절로 해결되는 것은 아닙니다. 시작인 만큼 앞을 바라보는 현명한 시선을 가져야 합니다. 그리고 끈질긴 노력이 동반되어야 합니다. 침착함을 지니는 것 역시 무시해서는 안 됩니다.

둘이 아닌 하나라는 것을 잊어서는 안 됩니다. 서로 동등하다는 것을 잊지 말아야 합니다.

상대를 하나의 부속품쯤으로 오인해서도, 일방적으로 자신만을 고집해서도 안 됩니다. 그것은 삶을 살아가는 데 그 어떤 도움도 되지 않을 겁니다. 결혼 생활에 도움이 되기는커녕 불행으로 이끄는 시발점이 될 겁니다. 조금의 위안도 주지 못할뿐더러 부질없는 일로 상대를 가슴 아프게 만들고 말 겁니다.

당연한 권리와 의무를 상대에게 배려하지 않는다면 그 결혼은 돌이킬 수 없는 억압의 산물이 되고 말 겁니다. 우려했던 지키지 못할 약속이 되는 겁니다.

당신이 이끌려고만 할 때 상대는 그만큼 힘들어할 겁니다. 동시에 상대는 결혼을 다른 시각으로 되돌려 보려 할 겁니다. 실질적으로 당신은 당신에게 주어진 문제를 포기하는 결과를 낳게 될지도 모릅니다.

상대에게 강요하기 이전에 스스로 자신을 낮추고 돌이켜 볼 수 있어야 합니다. 그럴 때 비로소 결혼의 의미가 올바른 방향으로 흐르게 되는 것입니다.

서로를 믿고 도우며 노력하여야만, 삶을 행복함으로 충만하게 이끌 수 있는 겁니다. 노력 없이 주어지는 것은 없습니다. 행복하지 않다고 억지를 부린다거나 투정을 부리는 것은 불행을 자처하는 어리석은 행동입니다. 그 조바심은 갈수록 커져만 갈 겁니다. 결국에는 주체하지 못하고 좌절하게 될지도 모릅니다.

소박하고 평온한 자리를 꾸몄다고 모든 것을 이룬 것은 아닙니다. 그 자리를 스스로 지켜나갈 수 있을 때 행복이 보장되는 것입니다. 그렇지만 당신은 그것으로 만족하지는 못할 겁니다. 누구나 욕심이 있기 때문입니다. 그 욕심을 버리지 않는 한 당신은 그 무엇을 해도 마음에 차지 않을 겁니다. 그리고 더 큰 욕심을 얻는 대가로 올바로 보는 시각을 스스로 잃게 될지도 모릅니다.

욕심만을 내세우고 만족함이 없는 삶을 지향한다면 결국에는 얼마 가지 않아 지쳐버리고 말 겁니다. 스스로 망가지고 말 겁니다.

어려운 여건과 상황 속에서도 서로의 의지와 노력을 포기하지 않는다면 행복은 늘 가까이에 위치할 겁니다. 그렇지 않다면 허기진 모습과 나약하고 추악한 모습만이 당신을 기다리고 있을 겁니다.

결혼과 동시에 혼자라는 생각을 버려야 합니다. 그리고 상대에게 이기적이어서도 안 됩니다. 그러지 않는다면 당신에게 결혼은 가식이 되고 말 겁니다.

동떨어진 혼자임을 고집한다면 그것은 불행만을 자처할 뿐입니다. 또한 결혼을, 삶을 유지해 나가는 소극적인 수단쯤으로 생각한다면 결혼의 목적을 상실하게 될 겁니다. 차라리 하지 않은 것보다 못한 일이 되는 겁니다.

잘못된 결혼관으로 상대를 불행하게 만들지는 말아야 합니다. 결혼은 그만큼 책임이 따릅니다.

결혼은 평생을 풀어야 할 문제입니다. 어려운 문제인 만큼 서로에 대한 확실한 믿음을 보여주어야 합니다. 한순간 자그마한 실수로 어렵게 성사된 결혼의 본바탕을 망쳐서는 안 됩니다.

사랑은 내세우기보다 받아들이는 것입니다. 그러다 보면 더 많은 사랑을 알아가게 될 겁니다. 결혼은 그런 사랑의 방향입니다.

*

한 사람이 있습니다.

매우 감각적이며 감수성 예민한 그는 겉보기에는 메말라 보이지만 여린 사람입니다. 그러나 당신은 그를 그렇게 여기지 않습니다. 겉모습에만 치우쳐진 짧은 생각으로 그를, 그의 인성을 느끼고 받아들이려 하지 않습니다.

당신은 다가서기도 전에 먼저 속단하고 거부해 버립니다. 그런 당신은 편견에 사로잡혀 마음의 눈으로 그를 볼 수가 없습니다.

왜 그를 등한시하는 겁니까? 겉만 뻔지르르하다고 해서 그 사람의 내면이 아름다운 것은 아닙니다. 그가 꾸미지 않는다고 그것이 편견의 대상이 될 수는 없습니다. 그것 때문이라면 당신은 당신 스스로 오만하다는 것을 인정하는 겁니다. 사람들은 자신의 단점을 감추거나 이중적인 모습을 보이기도 합니다. 상대가 마음을 열지 않는 한 그 인격은 알 수 없는 겁니다.

또한 일반적으로 모르는 사람한테 자신의 내면을 보이지 않습니다. 친밀감을 느꼈을 때 비로소 자신을 내보이고 조금 더 가까이 다가가려 합니다. 어떻게 보면 이 삭막한 현대를 살아가는 우리의 방식일지도 모르겠습니다. 그런 점에서 상대에 대한 경계는 당연한 일입니다. 그렇지만 다가가기도 전에 먼저 편견으로 상대를 바라보는 시각은 버려야 합니다.

당신은 겉으로 보이는 허름한 모습만으로 그를 파악했다고 장담합니다. 하지만 그렇지 않습니다. 당신은 잘못된 시선으로, 자신을 점차 편협한 사람으로 내몰고 있습니다.

편견은 옳지 않은 시선으로 상대를 바라보게 됩니다. 당신의 삐뚤어진 마음가짐이 가만히 있는 상대를 난처한 상황으로 이끌지도 모른다는 생각은 왜 하지 못합니까?

그에게 다정하게 손 내밀면서 마음의 창을 활짝 열어보기를 바랍니다. 그의 진실한 마음을 당신도 이해하고 느낄 수 있을 겁니다. 어쩌면 그의 입가에 맺힌 그윽한 미소에 당신의 성급했던 마음도 자연스럽게 열릴 겁니다. 먼저 가슴을 열고 당신이 받아들여 주길 기다리는 그를 심술궂게 매도할 이유는 없습니다.

마음을 열어 보인다는 것은 결코 쉬운 일이 아닙니다. 그만큼 큰 용기를 지녀야 하므로 소심한 사람에게는 어려운 일이 되곤 합니다.

그는 당신에게 충분히 어울리는 사람입니다.

그와 좀 더 친해지려 노력해 보세요. 그의 마음 받아들일 수 있을 때 당신은 진정한 행복을 찾을지도 모릅니다. 아마 당신을 그의 숨은 매력에 놀랄지도 모릅니다.

외모는 중요하지 않습니다. 중요한 건 아름다운 마음입니다. 상대의 마음을 알게 되면 그를 사랑하지 않고서는 배기지 못할 겁니다. 그의 하나하나가 모두 소중하고 친밀하게 보일 겁니다. 그 누구에게서도 겪어보지 못한 차분함에 어쩌면 당신은 당황하게 될지도 모릅니다.

그는 당신이 그토록 바라던 천상의 인연일지도 모릅니다. 그를 편견으로 밀어냈던 당신은 그만큼 부끄러울 겁니다. 그래도 괜찮습니다. 사람과 사람의 만남은 우여곡절과 과정이 있기 때문입니다.

사랑을 하게 되면 눈이 먼다는 말이 맞습니다. 제 눈에 안경이듯 서로가 좋으면 두말할 여지가 없는 것입니다. 당신을 한시도 빠짐없이 빠져들게 만드는 묘한 끌림이 그에게는 있습니다.

서로의 마음이 통하고 아껴줄 수 있다면 그것으로 두 사람은 운명이 되는 것입니다. 그 누구도 막지 못할 필연이 되는 겁니다.

자신에게 주어진 인연을 회피한다면 바르지 못한 길로 흘러가게 될지도 모릅니다. 하지만 운명인 만큼 그는 항상 당신의 주위에 있을 겁니다. 그의 마음을 알게 된다면 당신은 그의 곁을 떠나지 못할 겁니다.

그도 당신에게 마음을 열었을 겁니다. 가볍게 손 한번 내밀어 그의 내면을 마음껏 파악해 보세요. 그리고 곰곰이 생각해 본 후에 선택하는 겁니다.

이제 그도 당신의 마음 받아들일 수 있을 겁니다. 하마터면 당신의 편견으로 한 사람을 잃을 뻔했습니다. 그만큼 당신에게는 소중한 그입니다.

그렇다고 짓궂게 상대를 오래도록 기다리게 하지는 마십시오. 상대의 간절한 마음을 이제부터 더 깊게 알아가야 합니다. 그에게도 당신의 마음을 보여주어야 할 의무가 있습니다.

혼자서 다 갖겠다고 나서는 것은 욕심일 뿐입니다. 그가 오히려 당신을 좋지 않은 시각으로 바라보게 될지 모릅니다.

이제 동등한 위치에서 상대를 바라보기를 하는 겁니다.
천천히 서로를 알아가는 겁니다.

*

당신도 바보 나도 바보입니다.

자존심을 무기로 대립하고 있는 우리는 부질없는 짓을 서슴없이 벌이고 있습니다. 상대편에서 먼저 저자세로 고개 숙이고 다가오길 기대하고 있는 것입니다. 그것은 결코 사랑이 아니며 억지일 뿐입니다.

결국에는 스스로 괴로워하게 될 자멸의 길일 뿐입니다. 또한 서로의 사랑을 의심하고 있는 것이기도 합니다. 서로 깊이 사랑했다면, 이처럼 무의미한 자존심 싸움으로 서로를 외면하려 하지는 않을 겁니다. 더더욱 뒤돌아 매정하게 등지려 하지는 않을 겁니다.

그러다가 막상 불신의 턱을 넘어 증오의 늪으로 빠져든다면 후회할 것은 불을 보듯 뻔한 일입니다. 그제야 서둘러 수습하려 안간힘을 쓰게 될 겁니다. 그때 가서는 돌이킬 수 없는 늦은 과오에 자신을 책망할 겁니다.

쉽게 해결할 수 있는 일을 복잡하게 엮어낸 자신들을 반성하려 하겠지만 이미 번복할 수 없는 일이 되어버리고 말 것입니다.

그때 가서 자책한들 무슨 소용이 있겠습니까.

사랑을 우습고 가볍게 생각한 잘못으로 고난과 역경 속에 빠져들 것이며, 자신의 삶을 엉망진창으로 만들어 놓을 겁니다.

서로 증오하고 혐오하는 감정은 잠시뿐일 테지만, 그로 인한 아픔은 오랜 시간 동안 고독과 좌절의 늪에서 서성거리게 할 겁니다.

시간은 우리를 더없는 불행의 갈림길에 서게 할 겁니다.
자존심 때문에 우리는 많은 것을 잃어야 할지도 모릅니다.

자존심이 무엇입니까?
자존심 싸움에서 이기면 또 무엇하겠습니까?
서로 사랑하면 그뿐이지 더 무엇을 바라는 것입니까?

자존심은 욕심입니다. 욕심은 더 큰 욕심을 만들고 스스로를 자만에 빠지게 할 겁니다. 욕심과 허황한 만족으로 자신을 판단하는 것이 올바르다고 생각하지는 않습니다.

언제부턴가 삐뚤어진 시선으로 서로를 보기 시작했습니다. 또 서로를 믿기보다는 주위의 말에 더 귀 기울이기 시작했습니다. 사랑하고 아껴주던 지난날을 생각하면 있을 수 없는 일입니다. 하지만 그 자존심 때문에 상대를 헐뜯고 욕하기 시작합니다.

자존심 싸움은 서로에게 상처만 남길 겁니다.
우리의 사랑은 거짓이었을까요?

자존심 싸움은 거짓으로 철저하게 고립시킨 본능적 오류에 지나지 않습니다. 자존심이 그리도 중요했다면 우리의 사랑은 더는 유지할 가치가 없다고 봅니다.

자존심은 결국 무기력의 상징입니다. 서로를 무기력하게 만들 뿐만 아니라 번복할 수 없음으로 인한 후회를 뼈저리게 느끼게 할 겁니다.

우리 돌이키지 못할 상황은 이즈음에서 정리하고 손 내밀어 서로를 이해하려 노력해야 합니다. 자신만을 고집하지 않는다면 쉽게 풀어낼 수 있는 일이라고 봅니다. 서로 설득하고 상대의 입장에 서서 생각한다면 더는 복잡해지지 않아도 됩니다.

이별은 상상도 못 했던 일입니다.

함께했던 그동안의 모든 일이 의미 없이 속절없어 질 겁니다. 그 하찮은 자존심 때문에 말입니다.

낯선 다른 사람을 만나 다시 시작한다는 것은 있을 수 없는 일입니다. 다시 상대를 알아가야 하고, 또 익숙해져야 하는 시간과 노력을 반복한다는 것은 필요 없는 에너지의 소모입니다.

우리 정말 사랑했다면 아마도 그 상황이 더없이 불행하게 느껴질 겁니다. 헤어짐의 상처를 더 덧나게 하면서 자신을 자책하게 될지도 모릅니다. 그렇게 스스로 비참해지고 싶지는 않습니다.

만약 우리 그 자존심으로 인하여 이별하게 된다면 우리는 정말 바보천치입니다.

외롭지 않기 위해서는

나는 당신을 믿고 있습니다. 하지만 나의 믿음을 외면하기라도 하듯 당신은 나에게 실망을 안겨주었습니다. 그 실망으로 더는 당신의 존재를 간직하여야 할 의미를 상실했습니다. 그렇지만 당신에 대한 미련은 아직 나를 망설이게 합니다. 당신은 내 진심을 외면해 버렸습니다.

너무 빨리 친해지고 가까워졌던 만남이었습니다. 그리고 당신의 거짓된 마음을 이제야 알 수 있었습니다. 그 거짓됨을 부정하고 싶은 마음입니다만 용서할 마음은 추호도 없습니다.

당신을 좀 더 오랜 시간을 두고 확인했더라면 이런 굴욕을 당하지 않아도 됐을 겁니다. 좀 더 올바르고 신중하게 판단했더라면 이처럼 허무한 감정과 증오를 가슴속에 남기지는 않았을 겁니다.

만남을 쉽게 판단한 나의 잘못입니다.

좀 더 당신을 눈여겨봤어야 했습니다. 나는 준비하지 못한 채 당신에게 다가서기에 급급했습니다. 결국 당신에 대한 실망으로 나는 참담해지고 말았습니다. 쉽게 친해지는 만큼 쉽게 멀어질 수도 있다는 진리를 간과한 나의 불찰입니다.

내 스스로 많은 것을 아낌없이 보여준 나를 질책합니다. 나에 대한 자책감 때문에 나는 그만 고개를 숙이고 맙니다. 그것을 모두 당신 탓으로 돌리고 싶지만 그럴 수는 없습니다. 나의 과대망상으로 어쩌면 당신은 피해자가 된 것인지도 모릅니다. 당신에게 너무 들이댔던 나의 탓임을 변명하지는 않겠습니다.

내가 생각했던 것과 달리 당신은 다른 생각으로 나에게 다가왔는지도 모릅니다. 그렇다면 나의 일방적인 생각으로 당신을 판단한 나의 잘못입니다. 하지만 당신도 바르지 못한 생각으로 나를 판단한 것을 인정하고 반성해야 합니다.

내가 당신에게 진실함을 보여준 만큼 당신도 나에게 많은 것을 바라며 기대하고 있었을 겁니다. 물론 내가 더 절실했던 만큼 당신은 기대에 어긋나지 않으려 자신을 꾸미기 시작했던 겁니다.

그러나 내가 당신에게 원했던 것은 없었습니다.

정신적으로 나를 비난한 당신은 올바르다고 볼 수 없습니다. 어쩌면 당신은 그것에 대해 스스로 부담을 느끼며 나를 멀리하고 외면한 것인지도 모릅니다.

나는 당신 내면의 거짓됨이 싫었던 겁니다.
지금도 당신은 나를 오해하고 있을지 모릅니다.

내가 당신에게 바랐던 것은 당신 안에서 내 모습이 솔직하고 편안함을 원했던 것뿐 더는 아무것도 없었습니다. 하지만 당신은 거짓됨으로 철저하게 자신을 위장하고 속마음까지 숨겼습니다.

믿음을 상실한 이상 더는 당신의 예전 모습이 나에게 진심으로 다가오지 않습니다. 여기까지인 것 같습니다. 한동안은 힘들겠지만 연연하지 않기 위해 노력하겠습니다. 당신 역시 나에게 다가올 수 없음을 인정해야 합니다. 서로 비굴하지 않았으면 합니다.

이제 우리 돌아서서 서로의 길을 가야 합니다.

가끔은 우리 함께 했던 시간을 되돌아보기도 할 겁니다. 어느 곳, 어느 길에서 마주치게 될지도 모릅니다. 그때는 애써 모른 척하지 않을 겁니다. 그 상황이 어찌 됐든 당신도 자연스럽고 부담 없이 받아들였으면 좋겠습니다.

당신은 한때 내가 사랑했던 사람입니다. 시간이 흐른 뒤에는 자연스럽게 잊히겠지만 부정하고 싶지는 않습니다. 당신을 부정하는 것은 사랑이라는 감정을 숨기는 것이기 때문입니다.

굳이 그래야 할 이유는 없습니다. 당신도 그렇게 생각했으면 좋겠습니다. 누구의 잘잘못을 따질 필요는 없다고 봅니다. 어차피 혼자 한 사랑이 아니기 때문입니다. 당신도 나와 같은 생각이었으면 합니다.

헤어짐이 어찌 됐든 우린 한때 마음의 감정을 나누었던 사이입니다. 우리의 처음 만남은 우연이라고 생각되지는 않습니다. 살아가는 동안 겪어야 했을 인연이라고 생각합니다. 당신이 행복하면 좋겠습니다.

당신과 함께 사랑을 경험할 수 있어서 행복했습니다. 당신과 함께 같은 길을 걸었던 시간을 소중하게 간직하겠습니다.

나도 당신도 시간의 흐름 속에 희미하게 잊힐 겁니다. 그렇지만 그 시간 속에 우리는 여전히 존재하고 있을 겁니다. 당신의 기억 속에 나의 모습이 밉지 않았으면 좋겠습니다.

*

서로의 사랑을 간직하기 위해서는 큰 노력과 양보, 그리고 배려를 아낌없이 보여주어야 합니다. 물론 그만큼 소홀함이 없어야 합니다.

자기 자신을 소중하게 여기는 만큼 상대도 존중해야 합니다. 서로에게 강자와 약자가 아닌 동등한 입장에서 바라보아야 합니다.

나를 내세우기 이전에 상대의 말에 귀 기울여야 합니다. 존중받으려 하기 이전에 상대의 입장을 감안하여 섣부른 행동은 하지 말아야 합니다.

상대와의 만남이 지속될수록 항상 마음가짐이 조심스러워야 하는 것은 당연한 일입니다. 또 동일한 운명체로 결합하여 새롭게 태어나길 바란다면 작은 것에도 세심한 주의를 기울여야 합니다. 자존심을 내세워 싸우는 일 따위는 없어야 합니다. 그러기 위해서는 서로를 잠시 낮추어야 합니다.

만약 상대와의 만남이 원하던 만남이 아니었다면, 그 상대와 자신을 위해서라도 빠른 결정을 내려야 합니다. 그 판단의 시기는 빠르면 빠를수록 더 효과적일 겁니다. 서로가 상처를 덜 받을 수 있다면 말입니다.

그렇지 않다면 점점 미련이 쌓여 쉽게 헤어짐을 받아들일 수 없을 겁니다. 이별을 생각하면서 상대를 괴롭힐 것은 불을 보듯 뻔한 일입니다. 상대의 입장에서 자신을 바라보던 모습은 안중에도 없을 겁니다.

억지스러운 만남과 짜증 섞인 목소리로 상대만을 탓하고 있다면 그것은 올바르지 못한 행동입니다. 상대에게 모든 잘못을 전가한다면 언젠가는 죄책감에 시달리게 될 겁니다. 그리고 그가 아닌 다른 누구에게도 똑같은 생각과 태도를 보이게 될 겁니다.

상대의 상처 받는 모습을 보면 가해자인 당신도 편하지는 않을 겁니다.

빠른 판단과 선택으로 상대를 이해시킬 수 있다면 의외로 만족스러운 결과를 얻을 겁니다. 그러나 상대에게 자존심을 유발하도록 만든다면 나쁜 결과를 초래하게 될 겁니다. 그로 인해 더 큰 고통과 아픔을 겪게 될 겁니다. 상처가 덧나는 만큼 지지부진한 관계는 계속될 겁니다.

스스로 상대를 원하건 원하지 않건 간에 먼저 자존심을 극복할 수 있도록 노력해야 합니다. 자존심은 스스로를 철저하게 왜곡시키고 좌절하게 만들 수 있는 병폐 중의 하나입니다.

사랑이라는 단어를 무색하게 만드는 굴레가 바로 자존심이라는 것을 당신은 이해하고 있어야 합니다. 비단 사랑이 아니더라도 자존심의 틀은 억누르지 못할 과오를 저지르게 만들 수 있는 무서운 힘을 지니고 있습니다.

또한 기다림의 오랜 시간 뒤에 어렵게 이루어진 만남을 쉽게 판단해서는 안 됩니다. 그 만남을 쉽게 포기하고 외면해야 할 이유는 없습니다.

자신에게 주어진 값진 노력의 결실을 받아들이지 않고 손 내밀지 못한 채 비관하고 있다면, 그것은 당신의 용기가 부족하기 때문입니다.

아직 기다림의 의미를 되새기지 못했기 때문에 깨달아야 할 진리가 많이 남아 있음을 당신은 간과해서는 안 됩니다.

서로에 대해서 다시 한번 생각해 보는 겁니다. 많은 대화와 배려로 상대를 이해할 수 있다면 당신의 사랑은 앞으로 한 발짝 더 나아갈 수 있을 겁니다.

그 모든 원인은 당신입니다.

누구의 조언 따위는 바라지도 청하지도 말아야 합니다. 그 모든 것은 당신의 의지와 선택에 달린 겁니다. 그러니까 그만큼 서로에게 신중해야 한다는 것입니다.

외로움을 겪어본 당신이 더 잘 알 겁니다. 기다림 끝에 만난 이끌림을 포기하지 않길 바랍니다.

*

외롭지 않기 위해 당신을 사랑한 것은 아닙니다. 단지 외롭다는 이유 하나만으로 당신을 선택했던 것은 절대 아닙니다. 많은 날의 기다림으로 불완전한 나의 위치를 깨달았기 때문입니다. 또 간절하게 소망했기 때문에 당신에게 가까이 다가갈 수 있었던 겁니다.

완전하기 위해선 삶을 좀 더 성숙시킬 수 있는 한 사람의 누군가가 절실히 그리웠던 겁니다. 그리하여 나는 또 다른 나를 당신으로부터 발견할 수 있었습니다.

당신을 만나면서 사랑이란 감정을 느낄 수 있었고 내 생각이 옳다고 판단했습니다. 앞으로 더 많은 시간 동안 당신을 알아보고 싶었습니다.

나를 보여 주고 당신을 받아들이면서 후회하지 않을 선택을 신중히 고려한 겁니다.

내가 아닌 다른 사람으로부터 나를 좀 더 부각할 수 있는 삶의 깊은 의미를 느낄 수 있어서 행복합니다. 그리고 당신이 나와 같은 생각을 하고 있다는 것으로도 만족했습니다.

깨달음의 진리와 진실을 알게 된 순간 서로를 원한다는 것은, 사랑할 수 있다는 것은 당연한 이치입니다. 외로움을 달래기 위해 섣불리 당신을 선택했다면 당신은 이 순간 내 가까이에 있을 수 없었을 겁니다.

하지만 문제는 이제부터입니다.

얼마만큼 서로를 이해하고, 믿을 수 있는가에 따라 우리 만남의 방향이 바뀌게 될 겁니다. 우리의 만남이 불행해지지 않기를 바랍니다. 그것은 당신도 마찬가지 일 겁니다. 그만큼 우리는 서로에게 신중해야 합니다.

나는 당신을 처음 만나는 순간부터 절실하기를 원했습니다. 당신도 그러했고 그것을 부정하지는 않을 겁니다. 나는 그러한 당신을 믿고 있습니다. 그러나 서로 오래도록 같은 길을 걷게 되면 싫증을 느끼거나 권태기가 오기도 할 겁니다.

그렇지만 그것을 식어버린 사랑이라고 말해서는 안 됩니다. 마치 이별의 시작인 양 빈정거려서도 안 됩니다. 그것은 서로에 대한 소홀함이 원인일지 모릅니다.

서로에게 소홀하면 할수록 서로의 좋았던 감정이 손쉽게 잊힐 것이고, 심지어 이별의 그림자가 그 틈을 노려 파고들지도 모르는 일입니다.

그런 공백은 의미가 없습니다. 서로에게 아픔을 강요할 뿐입니다. 단지 외롭지 않기 위해 한순간 서로에게 무거운 짐을 짊어지게 했을 뿐이라고 스스로를 자책하게 만들지도 모릅니다.

정작 외롭지 않기 위해 사랑을 선택한 것이 아니라는 것을 알고 있습니다. 그러면서도 스스로 오기를 부리거나 흔드는 짓은 삼가야 합니다. 그런 상황으로 이끌려 가면서 서로를 시기하는 것은 정말 슬프고 가슴 아픈 일입니다.

상대를 트집 잡아 원망할수록 사랑의 감정은 경직되어 차갑게 식어버리고 말 겁니다. 그리고 사랑에 대해 불신의 감정은 점차 커질 겁니다. 서로에 대한 실망으로 함께 이루어 온 사랑은 초라하게 변할 겁니다.

외로움의 시간은 그로 인하여 걷잡을 수 없이 커져만 갈 뿐입니다. 그렇게 되돌릴 수 없는 길을 걷게 될 겁니다.

이정표가 분명히 있는데도 당신은 그 이정표를 무시해 버린 겁니다. 당신은 슬픔과 외로움에 갇혀 스스로 이도 저도 할 수 없는 서글픔의 나날을 보내야 할 겁니다.

외로움을 달래기 위해 사랑을 선택한 사람은 결국 걷잡을 수 없는 외로움의 그림자로 가슴을 멍 들여야 할 겁니다. 그 수렁에서 결코 빠져나올 수 없을 겁니다.

사람과 사람이 만나는 것은 외로움을 달래기 위해서가 아니라 서로의 완벽한 하나가 되기 위함입니다. 그리고 삶의 의미를 진실로 이해하고 추구하기 위해서입니다. 그것은 나 혼자만의 욕심이 아닙니다.

나는 당신의 욕심을 모두 받아 줄 수 있습니다.
나에게 만큼은 마음껏 욕심부려도 됩니다.
나도 당신에게 욕심을 부려볼 참입니다.

*

당신의 결혼을 축하해 주겠습니다.

내 기꺼이 당신들의 축복된 자리에 찾아가 진심으로 행복하길 바랍니다. 그러나 당신과 마주치고 싶지는 않습니다. 마주치면 틀림없이 당혹스러울 내 모습을 당신에게 보여주고 싶지 않기 때문입니다.

또한 부담스러워할 그 눈빛을 생각하면 내 자신이 울지 않고서는 견딜 수가 없기 때문입니다. 굳이 그래야 할 이유가 없다는 것을 알면서도 나의 마음은 초라하게 일그러지고 맙니다.

이제는 체념해 버렸습니다. 당신을 향한 나의 마음 걷어 들여야 할 때임을 알고 있습니다. 알면서도 미련이 남는 건 도대체 무엇 때문일까요.

그렇지만 스토커는 될 수 없습니다. 그것은 우리의 만남을 부정하는 것이기 때문이며, 또 인산으로서는 할 수 없는 잔혹한 일이기 때문입니다.

소중한 경험 속에서 나는

새벽길을 걷습니다.

촉촉하게 내려앉은 이슬은 감성을 이끌고, 새벽 공기의 상쾌함은 평온한 나를 발견하게 합니다. 북적거림 없는 새벽의 적막한 향기는 나의 모습을 한결 가볍고 자연스럽게 만들어 줍니다.

인도 위에 흩뿌려진 낙엽 위를 걸으며 숲속을 걷는 듯한 착각에 더욱 신이 납니다. 비록 고층 건물이 빽빽하게 들어선 도심이기는 하지만, 새벽을 걷는 나의 마음은 나도 모르게 온화해집니다.

잠에 취해 출근 시간을 재촉하는 촉박한 발걸음과는 사뭇 다른 거리감이 느껴지는 시간입니다. 그 여유로움 속에서 스스로 자신을 느끼는 것은 매우 자연스러운 일입니다.

계절을 마주할 수 있어서 행복합니다. 잃어버린 계절이 아니어서 다행입니다.

이 계절에 맞이할 수 있는 느림의 공간입니다. 가볍게 하늘을 날 수 있는 홀가분한 기분입니다. 오래도록 이렇게 걷고 싶습니다.

오늘은 오래된 친구를 불러내 커피 한 잔 마시며 가벼운 추억을 이야기하고 싶습니다. 또 시간이 되면 헌책방에 들러 오래된 책 냄새를 호흡하고 음미하며 한 권의 서정적인 마음을 사고 싶기도 합니다.

혼자여도 영화관에 들어가 보고 싶었던 영화를 아무런 부담없이 접하며 감명 깊은 눈물을 흘리고도 싶습니다. 한적한 곳에 자리를 펴고 앉아 미래에 대한 설계로 한없이 설레고 싶습니다.

주위에는 애절한 가사와 멜로디가 잔잔하게 울려 퍼졌으면 좋겠습니다. 저편에서는 뻐꾸기의 울음소리가 메아리쳐 평온함에 박자를 보탰으면 좋겠습니다.

강물에 바늘 없는 낚싯대를 드리우고, 물고기와 대화하면서 나 자신을 사색할 수 있었으면 합니다.

새벽길을 걸으며 생각해 낸 여유로움의 시간이 자꾸 나를 보챕니다. 그러나 그러한 것들과 거리감이 느껴지는 것은 나에게 투자한 시간이 너무나 미흡했기 때문입니다.

스스로 너무 소홀하고 나를 방치하고 있었기에 선뜻 엄두가 나지 않는 것입니다. 지금부터라도 나에게 소홀함이 없게 하겠습니다. 일에 얽매여 허덕이는 일상의 무책임한 보습보다는 스스 좀 더 책임 있는 모습을 지니도록 노력하겠습니다.

오늘처럼 이른 새벽의 산책도 좋습니다. 아니면 산에 오르는 것도 좋을 것 같습니다. 흠뻑 땀을 흘리고 나면 그 가벼움에 하루의 일과를 능률적으로 사용할 수 있을 것 같습니다. 서두르지 않겠습니다.

나를 직시하고 인정하면서 후회 없이 걸어가겠습니다. 좀 더 나를 아끼고 사랑하겠습니다. 나는 나를 책임져야 할 의무가 있기 때문입니다.

*

초저녁 더위를 식히기 위해 찾아든 공원.

반바지 차림으로 한 손에는 휴대용 선풍기를 들고, 벤치에 앉아 가벼운 노랫말을 흥얼거리고 있습니다. 이른 모기도 덩달아 벗을 삼아 버립니다.

몇몇 연인들이 나보란 듯 사랑을 속삭이고 있는 이곳으로 평화롭고 감미로운 바람이 불어옵니다. 나도 누군가와 함께하고 싶습니다.

자연스럽게 당신과의 추억이 떠오릅니다. 아련한 기억 속에서 변함없는 그 얼굴, 그 느낌, 그 향기로 당신은 나에게 다가서고 있습니다. 당신을 떠올리는 나의 얼굴은 잠시 발갛게 상기됩니다.

진실한 사랑이라 믿었던 우리의 만남이었습니다. 만남은 행복과 기쁨을 가져다주었지만, 곧 이별을 가져다주며 서글프게 만들었습니다.

이제는 누구의 잘못도 탓하지 않습니다.

만남이 있으면 반드시 이별이 존재하듯, 우리에게도 변함없이 아픔과 시련을 가져다주었습니다. 굳게 믿었던 사랑은 이루어질 수 없는 운명이었습니다. 하지만 당신과의 추억은 기억 속에 아련하게 남아 그리움의 한 자리를 차지하며 나를 바라보고 있습니다.

잊으려 해도 잊을 수 없는 우리의 만남을, 굳이 잊으려고 노력해야 할 이유는 없습니다. 그저 자연스럽게 흘러가면 그만입니다. 미련스럽게 당신을 고집하고 나 스스로를 괴롭히지 않았기에 시간이 모두 해결해 준 겁니다.

추억은 어차피 시간이 흐르면 조금씩 잊혀 갈 이야기 들입니다. 그렇다고 잊기 위해 추억을 만드는 것은 아닙니다.

어느 한 사람을 만나 사랑을 했고, 또 헤어졌다고 해서 잘못된 것은 아닙니다. 누구나 삶 속에 평범하게 지나쳐 가는 인연이기 때문입니다.

이렇게 당신과의 추억을 회상할 수 있다는 것은 행복한 일입니다. 추억을 호흡하며 바쁘게 살아가고 있는 나를 좀 더 여유롭게 움직여 놓을 수도 있는 일입니다.

한 번쯤 나를 되돌아볼 수 있는 여유를 이 순간 만끽해 봅니다. 우리의 사랑은 이루어지지 못했지만, 당신은 나의 가장 깊은 곳에 소중하고 아름다운 추억으로 간직되어 있습니다.

나의 그 시절에, 여운 속에 머무는 당신은, 현재의 당신이 아니라 나와 함께 했던 그 시절의 그 모습으로 인식되어 있습니다. 그 이상도 그 이하도 아닙니다. 나 또한 그 시절의 그 모습으로 당신에게 기억되길 바랍니다.

당신은 지금 이렇게 나에게로 소리 없이 다가와 있습니다.

나는 그러한 당신을 부정해야 할 이유도, 거부해야 할 이유도 없습니다.

그 시절 그때의 당신은 사랑스럽고 아름다웠습니다.

*

분수대 앞. 가로등 불빛과 어우러진 연인들의 데이트 장소, 혹은 친구들과 모여 앉아 가슴 진한 이야기를 만들어 내는 곳입니다.

시원한 바람이 숨죽여 다가와 머릿결을 살짝 흩트리며 지나쳐 갑니다.

촉촉하게 내려앉은 시월의 가슴 촉촉한 밤 향기는 맑고 깊어 스스럼없이 별과의 눈 맞춤을 가져다줍니다. 이 모든 것들이 만들어 내는 적막한 분위기는, 나의 거칠고 메마른 마음을 적셔주며 아늑하게 만들어 줍니다. 손잡고 걸어가는 연인의 속삭임은 밤이 깊어져 가는 줄도 모릅니다.

언제였더라.

행복했던 시절, 지금보다도 더 행복하다고 생각되는 시절, 아주 오래된 이야기처럼 느껴지는 그때를 생각합니다.

그와 나란히 걸으며 둥근달 올려다보며 미소 짓던 일들과 얼굴 마주 보며 뚫어져라 쳐다보던 순수하고 열정적인 그 시절의 기억이 가슴을 들뜨게 만듭니다.

바람이 스치고 지나가는 순간 혹시 그가 가까이에 있나 하고 주위를 둘러봅니다. 하지만 그는 없습니다. 그는 이미 나의 그가 아니기 때문입니다.

그가 존재하는 곳은 옛 추억의 사랑했던 연인으로, 그 시절 그곳에 상냥함으로 간직되어 있을 뿐입니다.

그를 잠시 가슴 속에서 꺼내어 혼자서 살짝 들추어 보고 누가 엿볼세라 다시 깊숙이 숨겨버립니다. 한번 꺼내어 보면 더더욱 깊숙이 간직하고픈 그입니다. 그래서 언젠가는 너무 깊숙이 간직하여 찾지 못하고 영영 잊어버릴 것만 같은 나의 그 사람입니다.

가을의 매혹적이고 적막한 분위기를 음미하는 사이, 어느새 그의 기억이 나를 감성적으로 만들어 놓았습니다. 하지만 돌이킬 수 없는 테두리 밖의 이야기입니다. 그리 반갑지도 달갑지도 않아야 할 그의 기억입니다.

언젠가 또다시 오래된 어느 훗날 언제였더라 하고 기억해 낼 이 밤과 그를, 다시 느낄 수 있었으면 좋겠습니다.

내가 살아 있는 의미를 가장 친근하게 일깨워 준 일상의 행복이기 때문입니다. 나는 다시 내일인 오늘을 맞이하기 위해 집으로 돌아가야 합니다.

*

어둠에 시들어 가고 있는 도심 사이로, 겨울비는 이제 막 올 겨울 첫눈으로 변하고 있습니다. 기다리던 첫눈으로 즐거운 연인들은 서로의 사랑을 되새기며 가슴 부푼 이야기를 속삭일 겁니다.

첫눈은 아무것도 아닌 듯해도, 우리는 그것에 많은 의미를 담으려고 합니다. 그 의미가 소중하길 바라면서 나름의 기대를 해 보기도 합니다.

나 또한 한때는 그것에 많은 의미를 부여했습니다. 하지만 시간이 흐른 뒤의 그 소중함은 저절로 사라져 버리는 열정에 지나지 않았음을 깨닫게 되기도 합니다. 그렇지만 연인들에게는 첫눈이야말로 기다리고 기다리던 행사 중의 하나일 겁니다. 연인들이 아니라도 첫눈을 기다리는 것은 누구에게나 즐거운 일입니다. 마치 반가운 약속이 있기라도 한 것처럼 말입니다.

연인이 아니라도 누군가는 오래전 헤어진 연인과의 이별을 생각하며 커피전문점에서 씁쓸한 커피를 마시기도 하고, 상대와 같이 걷던 거리를 걸으며 새로운 기분에 취할 수도 있는 일입니다.

오래전부터 앞에 앉아 있던 여자 손님들은 몇 사람의 메뉴를 정해 놓고 수다를 떨기 시작합니다. 뭐가 그리 좋은지 깔깔거리며 메뉴의 옷을 하나씩 벗기고 있는지도 모릅니다.

한때 나를 주시하던 그 또한 그러했을 겁니다. 자신의 메뉴로 나를 신청해 놓고 내 자존심을 가볍게 내리밟았을 겁니다. 그러며 희미한 미소로 나를 가볍게 여겼을지 모를 일입니다. 그렇다고 해서 그를 원망하거나 미워하고 싶지는 않습니다. 어차피 지나간 일이고 근거 없는 내 추측일지도 모르기 때문입니다.

언젠가 나는 우연히 그의 전화번호를 알게 되었습니다. 그것은 그와 헤어진 이후로 한참 뒤의 일이었고, 오늘처럼 눈이 내리던 날이었습니다.

그러나 그와 만남은 이루어지지 않았습니다. 어쩌면 다행스러운 일인지도 모릅니다. 그와의 만남은 무의미했을 겁니다. 서로 어색하게 마주 보고 앉아 괜한 만남으로 서먹해졌을 겁니다.

그와 내가 앉아 있던 자리는 싸늘함이 가득했을 지도 모릅니다. 그러기에 더는 만남의 의미를 되새길 필요는 없을 것 같습니다. 어차피 그도 많이 변하여 내가 알던 그가 아니었을 겁니다. 알면서 무모하게 만남을 이룰 생각은 없었습니다.

나는 이 순간 혼자만의 끈끈한 추억 속으로 스며듭니다. 애써 회피할 이유가 없기 때문입니다. 어차피 나 또한 예전의 내가 아니기 때문입니다.

벌써 몇 년이 흐른 지금입니다.

그가 이러한 나의 감정을 눈치채기라도 한다면, 그는 나를 동정 어린 눈빛으로 지켜볼 겁니다. 그래도 상관없습니다. 그의 감정 따윈 내게 더는 큰 감흥을 줄 수 없기 때문입니다. 그저 스쳐 지나간 시간에 불과할 따름입니다.

돌이켜 낸 그를 미련스럽게 나의 삶과 연관시켜 나를 부정하고 싶지는 않습니다.

잠시 기분에 취했을 뿐입니다.

멈춤과 멈춤을 이어주는 사이에서

“어디?”
“여기!”

잘못 들은 것일까?

분명히 전화가 왔고 그에게서 알 수 없는 수수께끼를 받았는데. 꿈일까? 아니면 현실일까? 그런데 핸드폰에서는 그 어떠한 흔적도 찾을 수가 없었다. 어떻게 된 일일까?

현실과 꿈속을 오가는 사이 나는 벙어리가 되고 말았다. 그 어떤 말도, 그 어떤 표현도 할 수가 없는 공간에서 허우적거리고 있었다. 어떻게 말하면 나는 내가 아닌 그 어떤 존재에 이끌리고 있었다고 밖에 표현할 수가 없었다.

멈춤과 멈춤을 이어주는 그 사이에서 어쩌면 나는 그에 대한 존재를 언제부턴가 간절하게 이끌고 있었는지도 모르겠다. 내가 아닌 그가 되어 스스로를 부정하며 걸어오고 있었는지도 모르겠다.

그는 내가 아닌 그로 그 자리에 분명 멈추어 있어야 하는데. 그것은 어쩌면 나의 억측 때문인지도 모르겠다. 스스로 변하지 않으려는 나의 나가 되어 멈추지 않기를, 그래서 시간의 끈을 놓지 않고 있었는지도 모르겠다. 어쩌면 생소한 내가 되어 그이기를 포기하고 싶었는지도 모르겠다. 그렇다면 나의 또 다른 그림자는 악착같이 나를 움켜쥐고 놓지 않은 채 항상 내 뒤를 걷고 있었을 것이다.

나는 그 시간에 얽매인 채 멈추기만을 고집해 왔고 멈춘 채 그 자리에 있을 것 같았던 그는 여전히 내가 되어, 꼬리표 아닌 이정표가 되어 이끌고 있었음을 부정하고 싶었다.

여기와 거기는 분명히 다른 곳이다. 그러나 시간은 거기에서부터 시작되어 끝나지 않은 채 물 흐르듯이 흐르게 될 것임을 망각하고 싶었을 것이다. 아니라고 부정하는 것은 역시 부질없는 것이었다.

늘 그랬다. 살아가는 동안은 그 시간의 선상을 걷게 될 것임을 알고 있었지만, 아니어야 한다고 다짐하며 걸어가면서도 그 시간의 나와 함께임을 잊을 수 없는 것이다. 그래서 그가 점점 더 나를 잠식해 들어간 것이고 나는 더 그를 닮아가며 그이기를 원했는지도 모르겠다.

이제 생각해 보면 있고 없음의 문제가 아니라는 것을 알았다. 그러한 것은 그다지 중요한 것이 아닐뿐더러 이 시간의 무게는 내가 짊어졌어야 했을 기억의 저편이었다.

나는 좀 더 강해져야 했고 그 강함으로 나를 바라보고 이끌어야 했다. 나인 내 자신을 부정하고 자책하며 앞만 보고 걸어온 것에 대한 오늘을 이제 와서 후회하지 않고 마주할 수 있다는 것은 어쩌면 다행일지도 모르겠다. 나는 나여야 한다는 것을 깨달은 오늘을 진즉에 마주할 수 있었다면, 나는 또 다른 나로 성장할 수 있었을 것이다.

오늘 여기 내가 있다. 결코 그가 아닌 내가 나의 손을 잡아본다. 그리고 오랜만에 따듯함을 느껴본다. 가슴을 열고 힘껏 안아주고 싶은 나를 찾은 것이다.

과거의 잘못은 지울 수 없는 것이다. 시간을 지울 수 있는 지우개가 준비되지 않은 탓이다. 마음대로 시간을 지웠다가 다시 쓴다면 이 세상은 혼돈 속에서 벗어날 수 없기 때문이다. 내가 신이 된다고 하더라도 정해져 있는 규칙을 깨는 것을 감수하면서까지 시간을 움직이고 싶지는 않다. 그 시간과 시간이 서로 뒤엉켜 요동친다면 제아무리 신이라 할지라도 시간의 질서를 올바로 잡아 놓을 수 없을 것이기 때문이다.

간간이 일어나는 기적이 있지만, 그것은 꼭 있어야 할 곳에 존재했어야 할 퍼즐이다. 그렇기에 시간에 주어진 유동성으로 맞추어지는 것일 뿐이다. 그만큼 기적이라는 것은 결코 쉽게 일어나지 않는 것이다.

과거의 잘못을 되돌리려 한다는 것은 무모한 일이며 매우 어려운 일기기는 하지만, 그 잘못에 대한 용서를 구한다는 것은 어쩌면 가능한 일인지도 모르겠다.

상대가 어렵게 용서하더라도 자신은 그 용서를 스스로 쉽게 받아들여서는 안 될 것이다. 자신을 용서할 준비가 되어 있지 않다면 그것은 상대에게 용서를 구한 것이 아니라 거짓으로 꾸며낸 수순에 지나지 않은 얕은수를 썼다는 말에 지나지 않기 때문이다.

나를 위한다면 그것을 등한시해서는 안 될 것이며 스스로 진실하게 자신을 꾸짖고 또 자숙해야 할 것이다. 반성 없는 용서는 또다시 자신을 괴롭히게 될 거라는 것을 결코 잊어서는 안 되는 것이다.

잘못과 용서로 홀가분해질 수 있다고 나는 생각하지 않는다. 그런 나를 지우려 애쓰며 묻고 살아왔던 시간이 그 얼마나 괴롭다는 것을 알 수 있었기에 그 시간의 그 위에 존재하는 나는 자유로울 수 없는 것이다.

항상 나를 자책하고 달래야 나를 일으켜 세울 수 있고 또 앞으로 걸어갈 수 있게 밀어줄 수도 있는 것이다. 그가 아닌 나인 나로 걸어갈 수 있다는 것은 크나큰 행복이며 축복이라 할 수 있겠다. 나인 나를 나일 수 있게 만들 수 있는 것은 오직 자신뿐이다.

잘못을 숨기고 감추려 하는 것은 비겁한 짓이다. 그 비겁함을 싸 들고 또 언제까지 걸어갈 수 있을지 스스로 부끄럽지 않은가? 나는 그 속절없음을 이제는 내려놓을 수 있을 것 같기도 한데 그 어떤 당신은 어떤지 모르겠다. 기껏 조금 더 비겁하게 걸어가겠다고 자신을 속이며 떳떳하여지려 한다는 것은 자신을 스스로 비난하는 것이다.

자, 좀 더 걸어갔다 치자. 마지막의 그 순간에 후회하지 않을 자신이 그대는 있는가? 머물고 있음이 아닌 마지막 멈춤의 그 순간에 진짜인 자기 모습이 부끄럽지 않겠는가? 스스로 꾸며온 그 길 위를 당신은 되돌아볼 자신이 있는가? 아마 절망스러울 것이다. 다시 그 길을 걸으라 하면 비참함에서 헤어 나오지 못한 채 좌절하면서 자신을 원망할 것이다.

그러지 않기 위해 우리는 오늘을 걷고 있다. 지난 과거를 잊지 않은 채 시간과 그때의 자신을 되새김하며 흐름에 순응하는 것이다.

현실은 언제나 나로 향한다. 과거의 나였던 그가 아닌 모든 책임의 온상인 나로 되돌아오는 것이다. 그것은 부정해야 하는 의미가 아닌 받아들여야 하는 자각이다.

때로는 작은 실수였다는 말로 회피하려 하지만 그것은 오히려 득보다는 실일 가능성이 매우 크다. 차라리 먼저 용서를 구했더라면 그 많은 시련과 괴로움을 겪지 않아도 됐을 것을 자만심으로 자신을 망가뜨리고 마는 꼴이 된 것이다. 실수라는 자존감을 내세워 자신이 쌓아온 그 길 위의 시간이 흩어지는 것을, 당신은 마주해야 할 것이며 끝내 좌절의 쓴맛을 처절하게 느낄 것이다.

그 자리에 주저앉아 제아무리 후회하더라도 늦은 순간의 찰나는 당신을 일으켜 세워줄 생각이 없을 것이다. 그래서 순간과 그 순간의 멈춤이 중요한 것이고 멈춤과 멈춤을 이어주는 시간의 흐름을 얕봐서는 안 될 것이다.

중요함 그 하나를 놓치지 않는다면 당신은 여유로운 길을 걷게 될 것이며 그 시간에 행복을 느끼게 될 것이다. 누구나 원하는 그 길을 쓸모없이 빨리 걷거나 뛰어야 할 이유는 없다. 자신을 아끼고 상대를 존중하며 함께 걷는다면 그 어디를 가든 환영받는 길을 걷게 될 것이다.

오늘, 여기, 지금 내가 서 있다. 그리고 천천히 걸어간다. 발로 느껴지는 감촉과 피부로 다가오는 흐름의 이어짐이 멈춤 없이 내게로 오고 있다.

저곳에서 이곳으로, 또 이곳에서 저곳으로 스스럼없이 다가왔다가 다가가는, 덜그럭거리는 요란함 없이 부드럽게 스쳐가는 그 시간의 흐름 속에 있는 내가 참 좋다!

꿈이든 현실이든, 꿈을 나누어 그를 만들고 현실을 나누어 나를 만드는 부질없는 일로 나를 망가뜨리고 싶지는 않다.

먼저 다가가 나를 확인하고 상대를 확인하며 나를 내세우기보다 상대를 먼저 생각하는 내가 되는 것이 중요할 뿐이다.

그리하면 나는 멈출 필요 없이, 그 사이에서 방황하고 그 사이에서 괴로워하는 나 자신을 마주할 필요가 없을 것이다.

그것은 시간이 우리에게 원하는 융통성은 아닐까 하는 생각이 든다. 나는 그렇게 나를 확인한다.

나는 이제 네가 아니므로, 나이여야 하므로 나는 오늘을 선명하게 걸어가고 싶다. 나는 그렇게 벙어리가 아닌 것이 확인할 수 있는 지금이 좋다.

나의 걸음걸이도 무뎌짐 없이 점점 더 선명하게 들려와 나의 귓가에 멜로디로 되살아나고 그것이 시간이라는 것을 부정하고 싶지 않기에 나는 오늘의 나를 내세우고 싶다. 언제나 그렇게, 언제나 변함없이 그렇게.......

당신을 사랑할 수 있을 때

당신의 곁으로 다가가기까지 내가 거쳐 왔던 그 많은 날의 시간은, 이미 예정된 일로 나를 시험하고 있었던 겁니다. 고통의 시간을 견딤으로써 진실한 사랑을 성취할 수 있도록 나에게 깨달음의 시간을 배려한 것입니다.

서툰 판단으로 사랑을 등한시했을 나에게, 자아 성찰과 성숙함의 계기를 제공함으로써 좀 더 여유롭고 우아한 행복의 자리를 꾸밀 수 있게 만들어 준 것입니다.

만약 나에게 그러한 시간이 없었다면 아마도 나는 당신의 사랑을 마음으로 진솔하게 느끼지 못했을 겁니다.

기다림의 시간을 극복하지 못한 채 쉽게 당신을 만났다면 나는 진실한 눈으로 당신을 보지 못했을 겁니다.

진실함을 경험하지 못한 사랑은 쉽게 깨어질 것이며 그 상처가 쉽게 아물지 않을 겁니다.

스스로 아픔만을 남길 뿐입니다.

당신 곁에서 당신만을 생각하며 사랑할 수 있기까지 걸어온 그 길은 결코 헛되지 않았습니다.

그 긴 시간 동안 외로움 속에서 견딜 수 있었던 것은 나와 같은 운명을 지니고 태어난 한 사람을 만난다는 흥분 때문이었습니다.

바로 당신을 만나기 위해서 그 기나긴 기다림을 이겨 낼 수 있었던 겁니다.

그러나 그 만남으로 모든 것이 해결된 것은 아닙니다.
이제부터 시작입니다.

당신을 만났다고 모두 이루어진 것이 아니라 당신을 만났으므로 또 다른 개체로 새롭게 출발하여야 하는 것입니다. 이제는 이전의 나에 대한 모든 것을 접어두고 당신만을 바라보겠습니다.

불완전했던 과거의 실상에서 벗어나 새로운 삶을 이끌어 나가야 합니다. 이제 나를 고집할 수는 없습니다.

그것을 소홀히 한다면 우리의 만남은 오래도록 지속될 수 없을 겁니다. 설사 지속되더라도 서로 헐뜯으며 불행한 시간을 보내게 될 겁니다.

그리고 거짓 만을 일삼으며 결국에는 당신을 탓하게 될지도 모릅니다. 그것은 있을 수 없는 일이고 있어서는 안 되는 일입니다. 불행하기 위해 사랑한 것은 아니기 때문입니다.

최선을 다해 노력해야 합니다. 나는 거짓으로 당신을 바라보기보다는 진실한 눈으로 당신을 바라보겠습니다. 당신도 거리낌 없는 나에게 스스럼없이 다가왔으면 좋겠습니다.

*

당신과 만나기 이전의 만남으로 그리고 헤어짐으로 나는 많이 힘들어했습니다. 그리고 많은 슬픔과 괴로움을 느꼈습니다. 그렇게 지쳐 사람들을 경계하기 시작했습니다.

다시는 만남을 만들지 않겠다고 다짐하면서도 이별 뒤에 오는 숨 막히는 외로움으로 인해 다른 만남을 이어 왔습니다.

그러나 마음처럼 내 속마음을 내보일 수는 없었습니다.

그때마다 느껴지는 실망과 자책은 끊을 수 없는 고리로 연결되어 쉴 사이 없이 나를 괴롭혔습니다.

그들과의 만남은 내가 간절하게 원하는 진실한 만남이 아니었습니다. 서로서로 원해서 만나는 관계가 아니라 그저 외로움을 잊기 위해 가볍게 만나는 거짓이었습니다.

만나면 마음 열어 보이기보다는 내보이지 않으려 감추는 모습이 역력했습니다. 만나면 서로 편하게 느껴지기보다는 부담스러워하는 거짓의 일부분이었습니다.

이루어질 수 없는 인연이었습니다. 이루어졌다 할지라도 후회했을 속된 인연이었습니다. 그렇지만 그 만남으로 인하여 나는 점차 성숙하였습니다.

헤어짐의 아픔을 경험하고, 고독과 외로움의 자리에서 스스로를 반성할 수 있는 깨달음을 배웠습니다. 다시는 그러한 과오를 범하지 않기 위해 스스로를 다듬고 노력했습니다.

나의 주관을 확실히 할 수 있는 성숙의 울타리를 만들었고, 동정과 교만함을 떨쳐버릴 수 있도록 많은 고통의 나날을 인내하며 걸어왔습니다.

내 모든 것을 내보여도 후회하지 않을 용기를 지닐 수 있도록 마음을 다져왔습니다. 먼저 마음 내보이며 손 내밀 수 있는 내가 되기 위해 노력했습니다.

이렇게 당신을 사랑할 수 있기까지는 그만큼의 용기를 지녀야 했습니다.

물론 당신도 그 기나긴 기다림의 시간 동안 그러했을 겁니다. 사랑할 수 있기까지 겪어온 그 시간을 후회하지 않기 위해서 우리 참된 모습만 보여주면 됩니다.

사랑을 과대하게 포장했던 그 어린 시절 철부지 생각에서 벗어나, 사랑을 사랑 그 자체로 받아들이며 포옹해 나갈 수 있어야 합니다.

힘든 일이 있거나 괴로운 일이 있을 때, 혹은 행복한 순간에도 우리 서로에게 의지하면 베풀 수 있는 사랑을 실현해 나갈 수 있습니다.

당신과 함께 할 앞으로의 일들을 조심스럽게 생각해 봅니다. 그러기 위해서 우리의 사랑은 거짓이어서는 안 됩니다. 더욱더 꾸며낸 소꿉장난이어서는 안 됩니다.

나를 내세울 수 있으려면

강릉행을 선택합니다.

잡다한 모든 생각을 지워버리기 위해 선택한 목적지입니다.

되도록 마음을 비우고 그 어느 때보다도 편안한 상태로 운전대를 잡습니다. 조금의 여유를 가지려니 차창 밖 초록의 향연이 가슴을 설레게 합니다.

목적지를 정하기까지 망설이던 마음은 어디론가 사라져 버리고, 혼자 떠나는 여행의 즐거움을 눈으로 귀로 가슴으로 가득 담아 봅니다.

준비된 것은 아무것도 없습니다. 가벼운 옷차림이 전부일 뿐 나에게 더는 필요한 것이 없습니다. 한번 환하게 웃어 봅니다. 이 얼마 만에 느껴보는 자유로움인지 모릅니다. 조금은 어색하게 느껴지지만 낯설지만은 않습니다.

온전히 나를 배려한 여행입니다. 나름 평온한 시간을 즐기기 위해 되도록 많은 생각을 하지 않기로 합니다. 도심을 벗어나 미끄러지듯 달려가는 느낌은 이제 부담스럽지 않습니다. 어차피 떠나기가 힘들어서 그렇지 마음먹고 출발한 이상 거리낄 것은 없습니다.

여행의 참맛을 한껏 누려볼 생각입니다.

나는 호흡을 맞추며 쉼 없이 바뀌는 차창 밖의 풍경에 즐거워합니다. 입가에는 스스럼없이 자연스러운 미소가 깃들고, 틀어 놓은 음악에 어깨를 들썩이기도 합니다. 반복되는 일상을 벗어난 나의 일탈은 순조롭기만 합니다. 왜 진즉에 떠나려는 생각을 하지 못했는지 안타까울 따름입니다. 너무 속박된 삶을 살아가고 있는 것 같아 그것이 가슴을 먹먹하게 합니다. 하지만 이제 시작입니다.

휴게소의 분주한 발걸음들과 어울려 커피를 마십니다. 그리고 맑은 공기와 함께 은은함을 미각과 후각으로 느낍니다.

시각은 여행객의 설렘을 덩달아 확인합니다.

목적지에 도착하려면 아직 멀었지만, 이곳에 오래 있어도 시간은 좀처럼 재촉하지 않을 것 같은 기분입니다. 막혔던 가슴은 온데간데없고, 촉박하게 지내온 일상들이 순간 기지개를 켜는 듯한 홀가분함이 느껴져 옵니다.

떠나거나 되돌아오는 사람들, 혹은 잠시 지친 몸을 의지하기 위해 찾아가는 사람들 사이에 서 있습니다. 각자의 이정표를 따라 목적지로 향하는 사람들의 모습이 잠시 머무는 곳입니다.

행복을 찾아가는 사람들과 겪어야 할 불행을 이겨내기 위해 길을 떠나는 사람들도 있습니다. 모두가 같은 이유로 이곳에서 있는 것은 아닙니다. 누구에게나 있을 법한 일들이 시간을 따라 흘러갑니다.

다시 차에 올라 달콤한 시간을 만끽해 나갑니다. 버스를 선택했다면 졸다 깨기를 반복할 뿐 이러한 설렘을 느끼지는 못했을 겁니다. 나름의 흥에 취해 나를 확인하고, 여유로움을 확인하면서 삶의 의미를 되새겨 봅니다. 살아있음의 소중함을 알 수 있을 것 같기도 합니다.

서두르지는 않습니다. 서둘러야 할 이유는 없습니다. 오랜만에 느긋함을 시도해 봅니다. 많은 것을 보고 느끼고 맛볼 생각입니다.

강릉의 한적한 바닷가.

넓은 바다를 보는 순간 마음이 차분하게 가라앉습니다.
바지를 걷고 맨발로 평온한 오후를 즐깁니다.

소금기 촉촉한 바닷바람과 그 위를 비상하는 갈매기들의 장난기 어린 날갯짓이 한없이 여유로워 보입니다. 저편 수평선으로 깃발을 흔들며 통통배가 스쳐 지나가고 나의 마음은 소소함으로 물들어 갑니다. 가슴 진하게 적셔주는 그 아름다운 풍경들이 고마울 따름입니다.

나는 이곳에서 여유로움을 한껏 즐기며 순수함과 소박함을 회복하여 되돌아갈 겁니다. 복잡한 일 이곳에서 모두 털어버리고, 새롭고 활기찬 나로 돌아갈 것입니다.

예전의 그 풍부했던 감수성을 찾아 시간을 보내 볼 작정입니다. 계획된 일정은 없습니다. 발길 이끌리는 곳으로 갈 생각입니다. 무모하다고 생각할 테지만, 예전부터 꿈꾸어 왔던 여행입니다. 또한 지루할 것 같지 않은 여행일 것 같습니다. 거기에 낭만도 조금 추가하고 싶습니다.

걷다가 지치면 잠시 쉬어가면 그만입니다. 이번 여행이 나를 나일 수 있게 만들 계기가 되었으면 합니다.

*

오랜 기억 속에서 끄집어낸 길은 많이 변하였고 생소하게 여겨지지만, 상큼하고 친밀하게 느껴집니다. 잊고 지내던 오래된 길은 여전히 나를 기다리고 있었습니다. 그 길에는 고교 시절 마음 졸이던 짝사랑의 향기가 아직도 선명하게 남아 있었습니다.

혼자만의 추억이지만 아련한 기억 속의 그와 만날 것 같은 기분에 가슴이 설레기 시작합니다. 오래전 기억 속의 그이기에 미련을 제시할 이유는 없습니다. 하지만 이 순간 그를 만날 것 같은 설렘을 애써 도리질해야 할 필요는 없습니다.

얼마 만에 되돌아보는 길인지 모릅니다. 추억의 책장을 넘기듯 스스럼없이 다가서는 여유로움이 좋습니다.

망각의 강으로 뛰어들고 싶었던 방황 사이에서, 숨죽이며 괴로워했던 이 길은 이렇게 건재하게 나를 이끌고 있습니다. 어찌 됐든 나를 보듬어 준 길입니다. 그리고 지금은 나를 기억하는 길이기도 합니다. 나의 존재에 대한 나름의 활력을 느낄 수 있어서 좋습니다.

순간 나를 들뜨게 합니다.

촉촉하게 내려앉은 추억의 굴레는 나를 부추깁니다. 이 길이 있었기에 나는 이 순간 더욱 성숙한 모습으로 이렇게 걸어갈 수 있는 겁니다.

쉽게 지치지 않을 자신 있는 발걸음이 나를 이끌어 갑니다.

그 예전에는 이처럼 당당할 수 없었습니다. 하지만 기다림과 노력 사이에서 용기를 지닐 수 있게 되었습니다. 나는 강해졌고, 나를 내세울 수 있는 내가 되어 있습니다.

나는 또 다른 추억의 길목을 기웃거립니다. 나는 그 길 위에서 진정한 나의 모습을 그에게 보여주고 싶은 겁니다. 이제는 굳이 잊으려 안간힘을 써야 할 필요는 없습니다.

이 길을 부끄러운 길로 간직하여야 할 이유도 없습니다. 또한 나를 외면하고 싶지도 않습니다. 진즉에 그에게 다가갈 호기라도 부려볼 걸 그랬습니다. 그 시간은 아주 가까이에서 나를 지켜보고 있습니다.

피식, 헛웃음이 새어 나옵니다. 그를 다시 만나게 된다면 예전 짝사랑의 감정은 돌이키지 않겠습니다. 나를 있는 그대로 보여줄 수 있기 때문입니다. 상상일 뿐이지만 혹여 실현될 인연인지도 모를 일입니다.

이 길을 돌이켜보는 것이 마냥 설레고 좋습니다.

그 길을 걷다 보면 나는

언제나 익숙한 길만을 걷는 것은 아닙니다. 때로는 익숙했던 길도 낯설어질 때가 있고, 낯설었던 길이 자신도 모르게 익숙하게 느껴질 때도 있습니다.

언젠가 한 번쯤 걸었던 길이라고 착각하게 만들기도 하지만 그것은 아마도 내 기억 속에 남아 있는 어떠한 향기나 향수 때문은 아닐까 생각합니다.

걷는 것을 즐겨 하지만 때로는 걷는 것에 의문을 느낄 때도 있습니다. 길을 걷는 것은 나름의 묘미가 있습니다. 걷다 보면 느껴지는 알 수 없는 흥미로움에 지친 발걸음을 재촉하기도 합니다.

오늘은 어떤 길을 걸을까? 하는 생각으로 설레기도 합니다. 생각하는 것만으로도 가슴이 들떠 당장이라도 달려가고 싶은 마음이 앞서기도 합니다.

유유히 흐르는 강물의 평온함을 느낄 때면, 그 흐름에 이끌려 나도 모르게 한 곳에 자리를 잡고 앉아 명상에 빠져들기도 합니다. 나도 모르는 사이에 발걸음을 잠시 묶어 놓습니다. 그렇게 앉아 있다 보면 시간이 가는 것을 잊은 채 마음이 저절로 자유로워집니다. 강물에 살짝 발을 담고 앉아 있으면 나도 모르는 사이 저절로 휘파람을 불게 됩니다.

하얀 파도와 포말이 이끄는 바닷가를 걸을 때는 그와는 조금 다릅니다. 막혔던 가슴이 뻥 뚫려 저절로 신발을 벗고 모래사장 위를 걷게 됩니다.

손에는 신발을 들고 바닷물에 젖은 모래를 발끝으로 느끼며 걷고 또 걷습니다. 다가서면 여지없이 파도가 밀려와 발목까지 젖기도 하고 때로는 무릎 이상까지 젖기도 합니다. 그렇지만 그 짠 내음의 느낌을 포기할 수는 없습니다. 가슴 활짝 열고 머뭇거림 없이 달려가게 됩니다.

산을 오르다 보면 어느새 귓가를 살랑이며 지나가는 바람을 만나게 됩니다. 바람은 땀에 젖은 몸을 한결 가볍게 일으켜 세우기도 합니다. 물소리를 따라 걷다가 계곡과 마주치면 언제 그랬냐며 비 오듯 쏟아지던 땀은 온데간데없이 사라지고 맙니다. 저절로 느껴지는 신선함에 가슴이 촉촉하고 가벼워집니다.

산 정상을 향해 다시 오릅니다. 오르고 또 올라도 보일 것 같지 않던 정상은 어느새 눈앞에 나타나 피곤함을 잊게 합니다. 산 정상에서 마시는 얼음물은 그렇게 상쾌할 수 없습니다.

잠시 산 아래 일상을 짐작하다가 가뿐한 발걸음으로 터덜터덜 산에서 내려오면 배고픔을 달래 줄 먹거리가 있어서 더없이 행복해집니다.

평지의 매력은 곳곳에 피어 있는 들꽃들의 향연입니다. 이름 모를 들꽃들은 초라하면서도 나름의 색을 지니고 있습니다. 자세히 보면 화려하지는 않지만, 그 내면의 소박함이 있습니다. 인위적으로 조성해 놓은 평지의 꽃밭과는 다른 무언의 매력이 톡톡 튑니다.

누군가는 미처 발견하지 못한 채 밟고 지나쳤을 들꽃은 다시 몸을 일으키며 끝없는 생명력을 자랑합니다. 조심스럽게 다가가 바라보면 아픔이 있을 것 같지만 들꽃은 스스로 생존하는 법을 익히 알고 있어 행복해 보입니다. 어떨 때는 그러한 들꽃이 경이로울 때가 있습니다.

길은 나름의 색과 향기를 지니고 있습니다. 길은 귀 기울이지 않으면 놓치고 마는 소리의 흐름을 지니고 있습니다. 길 위를 걷다 보면 사소함의 의미를 되새기게 됩니다. 길은 늘 나름의 소리로 개성이 넘칩니다. 어느새 다가와 각각의 소리를 내며 대화하기를 바랍니다.

우리가 생각 없이 지나는 길이지만, 그 길은 하루에도 수도 없이 다른 소리를 냅니다. 우리의 모습도 소리를 내며 한 음절 흔쾌히 내려놓기도 합니다. 길은 아주 단순하게 나를 이끕니다. 그리고 나에게 만족하면 그만인 것을 스스럼없이 느끼게 합니다.

오늘도 길 위를, 시간 속을 나는 걷습니다.

지구가 멈추어도 시간은 존재할 겁니다. 그 시간 속에서 우리는 또 다른 방식의 삶을 만들며 길을 걷게 될 겁니다. 그래서 우리는 영원한 시간 여행자입니다.

시간은 무한한 길을 만들기에 우리는 시간을 알고 싶어 하고 그 흐름을 늘 간직하고 싶어 합니다. 그래서 우리는 시간을 갖거나 지배하려 합니다.

어쩌면 그것은 욕심이 아닐지 모릅니다. 언젠가는 시간을 소유할 수 있을지 모르겠습니다. 그러나 그것이 판도라의 상자를 여는 오류를 범하게 될지도 모릅니다. 그렇게 인간은 스스로 열등하다고 생각하지 않습니다. 인간의 욕심은 한도 끝도 없이 자꾸만 커지기 때문입니다. 하나를 이루면 또 다른 둘을 원하고 그러다 보면 그 욕심은 걷잡을 수 없이 커져만 갑니다.

하지만 그때여도 나는 시간 위를 변함없이 걷고 있을 겁니다. 길 위를 걷고 있을 겁니다. 길에서 느껴지는 그 미묘함을 절대 포기할 수 없기 때문입니다. 다가가면 느낄 수 있는 그 소박함이 좋습니다. 길은 시간과 함께 평행선을 달리지만 길은 시간에 욕심내지 않습니다.

길은 시간을 사랑합니다. 시간 또한 자신과 함께 걷고 있는 그 길을 미워하지 않습니다. 욕심 많은 우리가 문제입니다. 우리는 그 시간과, 그 길을 마음대로 움직이고 싶어 합니다. 그것이 그 얼마나 위험한 일인지 알면서도 인간은 두려움에 눈을 뜨지 못합니다.

타임머신이 있다고 해서 그 시간, 그 길로 되돌아갈 생각은 전혀 없습니다. 시간이 뒤틀리는 순간 지금의 나는 존재는 가치를 상실하게 될지도 모릅니다. 내 존재에 대한 의문을 품게 될지도 모르겠습니다.

혼돈 속에서, 얽히고설킨 시간의 굴레에서 나 자신은 소멸해 버릴지도 모릅니다. 아니, 애초에 존재하지 않았던 존재가 될지도 모르겠습니다.

시간에는 규칙이 있습니다. 타임머신을 타고 과거로 돌아가 나를 돌이킨다면 더는 내가 나일 수 없을 겁니다. 다시 타임머신을 타고 현실로 돌아왔을 때 일순간 모든 것이 변해버려 나를 잊을 수도 있습니다. 내가 아닌 다른 누군가의 인격체가 나의 행세를 하고 있거나 아니면 나는 존재하지 않을 수도 있습니다.

내가 아닌 내가 되는 겁니다. 이방인이 되는 것입니다. 그 어디에서도 나의 본질을 찾을 수 없는 존재가 되는 것입니다. 그래서 나는 그러한 길의 유혹을 포기합니다.

지금의 여유로운 길을 걷고 있는 내가 한없이 좋습니다. 이렇게 살아가는 내가 좋습니다. 부와 명예가 없어도, 욕심 없이 소박하게 걸을 수 있는 내가 좋기 때문입니다.

욕심이 없다면 거짓말입니다. 손해가 될지 이익이 될지 그런 것 또한 따지지 않았다면 그것 역시 거짓입니다. 다만 나는 나의 한도에 맞추어 살아갈 겁니다.

만약 나의 결정으로 인하여 인류가 멸망의 순간에 놓인다면 다시 생각해 볼 문제입니다. 하지만 그런 일은 벌어지지 않을 겁니다. SF를 좋아하고 호러를 좋아하지만, 그것은 영화일 뿐입니다. 그리고 소설이나 드라마일 뿐입니다. 그런데도 아니라면 나는 어떤 선택을 해야 할까요?

아닙니다. 나는 소시민이기에 그냥 내 길을 걸을 겁니다. 그래야 아무 일도 벌어지지 않을 겁니다. 그래야 내가 걷고 싶은 길을 마음대로 걸을 수 있을 겁니다.

나는 히어로가 되고 싶지 않습니다. 히어로는 늘 평범함 속에서 불쑥 튀어나옵니다. 히어로는 누구나 될 수 있다는 전제를 깔고 있습니다. 히어로는 내가 걷는 길에서 가끔 나타나기도 합니다. 어쩌면 히어로는 일상의 평범함 그 자체일지도 모릅니다. 아니 그래야 합니다.

나는 내 길을 꿋꿋하게 걷겠습니다. 걷다가 지치면 잠시 쉬어가는 여유도 부려볼 겁니다. 시간을 알고, 그 길 위의 낭만과 행복을 알기에 나는 단지 나 그대로이고 싶은 내가 겁니다.

혹시 내가 히어로가 되어야 한다면 그만큼 타당한 이유가 있어야 할 겁니다. 그렇지 않은 한 나는 언제까지나 나의 길을, 내가 그토록 걷고 싶은 길을 계속해서 걸을 겁니다. 걷다 보면 알게 될 겁니다.

욕심 없이 걷다 보면 당신도 나와 다름없음을 느끼게 될 겁니다. 우린 어차피 같은 시간 위를, 같은 길 위를 걷고 있기 때문입니다.

물론 욕심 없음이 자랑이 아니라는 것도 알고 있습니다. 다만 욕심을 부리지 않겠다는 말입니다. 나는 오늘을 걸어가면서 후회 없는 소소함을 간직하겠습니다.

그것이 나의 욕심입니다.

이럴 때 나는 당신에게

당신이 바쁜 것을 뻔히 알고 있으면서도 한 번쯤 전화를 줄 수 있을 거로 생각했습니다. 그러나 당신에게서는 전화가 오지 않습니다.

하루 종일 전화를 기다리다가 참지 못하고 전화하면 당신은 바쁘다면서도 잠시 반갑게 받아줍니다.

퇴근 시간에 맞추어 전화하겠다는 당신의 말에 전화를 간단히 끊습니다. 그때부터 전화를 기다리지만 퇴근 시간이 훨씬 지나서도 당신에게서는 전화가 오지 않습니다.

다시 기다리다가 전화하면 신호만 갈 뿐 당신의 목소리는 들을 수 없습니다.

퇴근하여 집에 돌아와 전화하겠거니 생각하며 다시 전화를 기다리기 시작합니다. 열 시가 지나고 열한 시가 되어도 당신에게선 아무런 소식도 없습니다. 걱정되어 다시 당신에게 전화하지만, 통화는 선뜻 이루어지지 않습니다.

지하철이 끊어지지는 않았나?

시계를 들여다보고 버스가 끊기지는 않았을까 하는 걱정으로 안절부절못합니다. 열두 시가 넘어서도 당신은 무심하게 전화 한 통 건네 오지 않습니다.

무슨 일이 생기지는 않았을까? 혹 나쁜 일이 생겨서 당신이 어떻게 되지는 않았을까? 하는 걱정과 불안한 생각에 나는 더욱 노심초사합니다.

그때 당신에게 전화가 왔습니다.

"거기 어디예요?"
"집이에요."

당신의 목소리를 듣는 순간 안도의 한숨이 무의식적으로 새어 나왔습니다. 나는 퉁명스럽게 당신을 쏘아붙입니다.

"어떻게 된 거예요?"
"회사 동료하고 얘기하다가 좀 늦었어요."

실망한 목소리로 당신을 다시 다그칩니다.

"걱정하고 있는 거 뻔히 알고 있으면서 전화도 안 해요."
"미안해요."
"기다리는 사람 생각도 해야지."

일방적으로 전화를 끊고 달아난 잠을 청하지만 쉽사리 잠이 오지 않습니다. 야속한 당신 생각에 마음이 편하지 않습니다. 또 당신에게 화낸 것이 마음에 걸려 걱정하게 됩니다.

다시는 당신에게 전화하지 않겠다고 생각했지만, 다시 당신에게서 전화가 오면 조금은 이해하는 마음으로 전화를 받을 겁니다.

화가 나면서도 당신을 외면하지 못하는 나의 마음 당신은 모를 겁니다. 이런 나의 모습이 마치 보채는 것 같아 나 자신도 마음에 들지 않지만, 나의 관심은 오직 당신에게로 향합니다. 이런 나를 당신은 질척댄다고 싫어할지도 모릅니다. 하지만 나의 마음을 송두리째 가져간 당신이기에 온전히 감수해야 할 일입니다.

당신을 사랑하는 만큼 걱정되는 것은 당연한 일입니다. 될 수만 있다면 당신을 내 가슴 속에 넣고 아무도 볼 수 없게 꼭꼭 숨기고 싶습니다. 그만큼 나는 당신을 소중하게 생각하고 있습니다. 당신은 어떨지 모르겠지만, 당신을 만날 수 있다는 생각에 하루를 시작하는 나의 가슴은 설렘으로 가득합니다. 그렇지만 당신에게 이런 나의 마음 알아주길 강요하지는 않겠습니다.

나는 일방적임으로 당신을 속박하고 싶지 않습니다. 만약 그렇다면 그건 나의 이기적인 생각일 뿐입니다. 이기적임으로 인해 당신은 부담을 느낄 테고, 나에 대한 호감이 한순간에 무너지고 말 거라는 걸 알고 있습니다.

이제는 잠시 한 발짝 뒤로 물러서서 당신을 바라보아야 할 것 같습니다. 너무 내 생각만으로 당신에게 다가간 것은 아닌가 하는 생각으로 불안하기만 합니다.

당신의 마음을 짐작할 뿐, 당신이 나를 어떻게 생각하고 있는지에 대해서 나는 알지 못합니다. 그래서 너무 성급하게 당신을 판단한 것은 아닌가 하는 걱정을 하게 됩니다. 또한 내가 너무 집착하고 있는 것 같아 마음이 놓이지 않습니다. 집착은 결코 사랑이 될 수 없다는 것을 알고 있기 때문입니다. 집착의 비중이 커질수록 선택의 기회는 놓치고 말 것이 분명합니다.

나는 후회하고 싶지 않습니다. 당신에 대한 실망 때문이 아닙니다. 당신에 대한 나의 집착이 문제입니다. 사랑을 빌미로 당신을 얽매놓으려는 내가 당신도 위태롭게 느껴졌을 겁니다. 냉철하게 내 자신을 판단해야 할 시간이 필요합니다. 사랑에 대한 책임을 회피하고 싶지 않기 때문입니다.

*

나의 마음 이해하지 못하는 당신이 밉습니다.

적어도 당신만큼은 나를 이해해 주리라 생각했는데, 당신은 나를 이해하기보다는 먼저 자신을 내세우기에 급급했습니다. 힘겨운 나의 마음 이해하지 못하는 무덤덤한 당신이 얄밉게 여겨집니다.

일에 지치고 힘들어서, 하던 일 제대로 풀리지 않아 속 태우고 애태우다가 잠시 훌쩍 떠나고 싶은 순간, 당신은 그제야 나를 설득하고 다독이려 합니다. 그러나 당신은 나의 마음 알지 못합니다. 당신의 일방적인 생각은 나를 더욱 힘들게 만듭니다. 조금이나마 당신에게 위안받고 싶었던 것은 나의 욕심일지 모릅니다.

잠시 휴식을 취하면서 모든 일을 잊고 가벼운 마음으로 스스로를 진지하게 이끌어 보려고 합니다. 이 기회가 아니면 나는 스스로 일어서지 못할 것 같습니다. 그래서 잠시 당신과 거리를 두고 싶은 겁니다.

당신은 내가 당신을 믿지 못하고 거리를 두려 한다고 생각합니다. 그래서 내가 혼자 있고 싶어 한다고 생각하면서 당신은 조바심을 내고 있을지 모릅니다.

그렇지만 당신의 생각은 오해입니다.

아직도 나의 사랑을 믿지 못하고 있는 건가요?

당신이 계속해서 나의 마음 이해하지 못하고 짜증스럽게 보챈다면 나는 화를 낼지도 모릅니다. 그 화가 쉽게 풀리지 않을 거라는 걸 당신은 염두에 두고 있어야 합니다.

당신에게 보이고 싶지 않은 나만의 모습이 있습니다. 나의 그러한 모습 때문에 실망하게 될 당신의 시선을 의식하고 싶지 않습니다. 당신이 나에게 보이고 싶지 않은 모습이 있듯이 나 또한 그런 것입니다. 애써 감추어야 할 이유는 없지만, 지금은 때가 아닙니다.

당신이 나를 진정으로 사랑한다면 나를 그냥 혼자 있게 내버려 두어야 합니다. 그 시간 동안 나는 무기력함에서 벗어날 수 있도록 최선을 다해 노력할 겁니다. 더는 회피하고 싶지 않습니다. 좌절하지 않기 위해 잠시 한발 물러서서 스스로를 분석하려는 것입니다.

항상 행복한 일만 있다면 얼마나 좋겠습니까. 하지만 삶의 흐름은 그 누구도 알 수가 없습니다. 삶의 본질 속에 숨겨진 의미를 거부할 수는 없습니다. 행복한 일이 있으면 당연히 불행한 일도 있기 마련입니다. 그래서 늘 그것에 대처할 수 있는 순발력을 발휘해야 합니다.

그 순간을 잘 극복해 나갈 수 있을 때 삶이 더 풍요로워질 겁니다. 그만큼 나의 마음도 부담 없이 당신에게 다가설 수 있을 겁니다. 그러한 이유로 지금은 나에게 중요한 순간입니다.

당신의 도움이 필요 없다는 말은 아닙니다. 내가 그 힘겨운 상황을 극복하고 용기를 지닐 수 있을 때 당신을 찾아가겠습니다. 그때 당신의 따듯한 마음과 손길이 나는 필요합니다.

당신은 그런 나를 외면할지도 모릅니다. 그리고 나는 뒤늦은 후회를 하게 될지도 모릅니다. 그 정도의 시간도 기다려주지 못한다면 내가 당신 곁에 있어야 할 이유는 없습니다. 당신이 나를 믿지 못하기 때문입니다.

혼자만의 의지로 당신과 함께 같은 길을 걸을 수는 없습니다. 어쩌면 그 길은 예견된 불행으로 향하는 길일지 모릅니다. 같은 길을 걷기 위해서는 서로 믿음이 있어야 합니다. 또 그만큼 서로에게 편견이 없어야 합니다. 서로를 이해할 수 있어야 합니다.

나는 그 모든 것을 감수하고 잠시 혼자이길 고집하는 겁니다. 내가 당신을 응원하는 것처럼, 당신도 그런 나를 응원해 줄 수 있었으면 좋겠습니다.

나도 때론 나 자신을 내세우고 싶을 때가 있습니다. 지금이 그렇습니다. 잠시만 내게 시간을 주세요. 나는 얼마든지 자신이 있습니다. 당신에게 향하는 그 길을 망설이지 않고 꿋꿋하게 걸어갈 수 있는 마음의 준비가 되어 있을 겁니다.

내가 되돌아왔을 때는 당신이 네게로 올 차례입니다.

흔들려도 좋습니다. 나는 그런 당신의 손을 잡고 달려갈 용기를 지니고 있기 때문입니다.

*

왜 당신은 자신만 고집하십니까. 왜 자신의 입장에 맞추어 삶을 유도하려는 것입니까. 뒤로 한 걸음 물러섰을 때 자신에게 주어지는 이득이 많다는 것을 왜 모르십니까.

당신은 허영과 교만으로 가득할 뿐 실리는 없습니다. 손톱만큼의 감성조차 지니고 있지 못합니다. 동시에 자신이 불행하다는 것을 깨닫지 못하고 있습니다.

나는 그러한 당신에게 화가 납니다. 또한 그러한 당신 옆에 있는 내가 원망스럽습니다. 당신을 일깨우지 못하는 내가 부끄러울 따름입니다. 그러나 이제 당신을 그렇게 내버려 둘 수는 없습니다.

당신을 그 자리에서 일으켜 세워야겠습니다. 아름답고 참된 당신으로 새롭게 태어날 수 있도록 지켜보고 다독거려야겠습니다.

당신을 그 자리에 그냥 방치해 둔다면 나 스스로 잘못을 묵인하는 것입니다. 당신이 올바르지 않은 길로 가는 것을 못 본 척한다면 나 또한 모욕받아 마땅한 사람이 되는 것입니다. 나는 그러한 사람이 될 수 없습니다. 그러한 의미로 당신을 그대로 내버려 둘 수는 없습니다. 또한 당신도 그러한 사람으로 남아 있어서는 안 됩니다.

어린 시절 자기 모습을 떠올려 보세요.

이기적이지 않은 당신, 편견으로 삐뚤어지지 않은 당신이 있을 겁니다. 매우 순박해 보이는 해맑은 당신은 맑고 깨끗한 두 눈을 지니고 있었을 겁니다. 지금 당신의 모습과는 비교도 되지 않는 감수성 예민한 모습입니다. 그 시절의 당신은 많은 꿈과 희망으로 들떠 있었을 겁니다. 지금처럼 모나거나 이기적이지는 않았을 겁니다.

지금 당신의 모습은 어떻습니까?

허영과 교만으로 자기 이외에 다른 사람은 안중에도 없습니다. 당신은 자기중심적인 사고 관념에서 벗어나지 않으려 합니다. 다른 사람의 충고를 참견으로 인식하며 거칠게 반박해 버립니다. 그런 당신의 모습은 추해 보일 수밖에 없습니다.

여느 아이들처럼 부모에게 응석 부리는 당신을 생각해 보세요. 친구들과 재미나게 뛰어노는 아이는 당신의 본모습입니다. 서로 어울릴 줄 알던 당신을 굳이 외면해야 할 이유가 없습니다.

아무리 세상이 살기 힘들고 각박해졌다 할지라도 참되고 순수한 아름다움은 버릴 수가 없습니다. 거기에는 바로 진실함이 있기 때문입니다. 당신의 가슴 깊숙한 곳에 아직 남아 있을 청아함을 이끌어내야 합니다. 거짓으로 물든 당신의 겉모습을 과감하게 변화시켜야 합니다.

허영과 교만은 바늘로 찌르면 터져버리고 마는 풍선과 같은 것입니다. 살짝만 건드려도 산산이 부서져 버리는 허식에 지나지 않습니다. 그러한 것으로 자신을 포장하고 있는 당신은 쉽게 멍들고 좌절할 겁니다. 일어서려 하다가도 일어설 수 없음에 다시 주저앉아 버릴 겁니다.

현재의 모습에서 벗어나지 않는다면 당신 곁에는 그 누구도 존재하지 않을 겁니다. 그 누구도 다가서려 하지 않을 겁니다. 당신은 거리낌의 대상이 되고 말 겁니다.

자신만 좋으면 그만이라는 생각에서 벗어나야 합니다. 세상은 혼자 살아가는 것이 아닙니다. 스스로 존재할 수 있게 하는 요소요소의 걸맞은 모습과 생각을 지녀야 합니다. 그러한 노력 없이 어울리려 한다면 당신의 모습은 거짓에 불과할 뿐입니다. 꾸밈의 연장선일 뿐입니다.

외로움만 당신을 에워쌀 겁니다.

그런데도 당신이 그 모습에서 벗어나려 하지 않는다면 나는 당신에게 정말로 화를 낼 겁니다. 그리고 당신을 외면할 수밖에 없을 겁니다.

호감 가는 상대에게 다가가려 해도 상대는 질에 겁을 먹고 당신에게 곁을 내주지 않을 겁니다. 그러면 당신은 제 버릇 남 못 주듯이 상대를 비난하고 헐뜯을 겁니다. 보지 않아도 불을 보듯 뻔한 일입니다.

나를 사랑하는 법을 알아야 하지만, 남을 존중하고 사랑하는 법도 알아야 합니다. 그리고 무엇보다 더불어 살아가는 방법을 모색해야 합니다. 그렇지 않는다면 당신은 결국 외톨이가 될 겁니다. 결국 그보다 더한 은둔형 외톨이가 되어 자신을 가둘지도 모릅니다.

스스로 고립되는 겁니다. 당신도 그런 최악의 상황으로 자신을 치닫게 만들고 싶지는 않을 겁니다.

이제 개선해야 할 때가 온 겁니다. 스스로 힘들다면 마음을 열어 보세요. 그리고 다른 사람들에 대한 배격보다는 받아들이는 법을 배우는 겁니다. 그렇게 되면 당신 주위에 많은 사람으로 자연스럽게 들끓을 겁니다.

그 무엇보다 당신은 자신을 내세우는 법에 익숙해질 필요가 있습니다. 어떻게 자신을 내세우냐에 따라 당신 삶의 방향이 바뀔 겁니다. 또한 삶의 질도 바뀌게 될 겁니다.

아직 포기하기에는 이릅니다.

*

당신을 놀라게 하기 위해 퇴근 시간에 맞추어 버스 정류장으로 걸어갑니다. 밤하늘, 구름의 맑은 율동과 영롱하게 빛나는 별들의 속삭임으로 기분 좋은 여유로움이 느껴집니다. 가벼운 샌들을 살짝살짝 끌면서 당신을 만날 설렘으로 어깨를 들썩이며 걸어갑니다.

행인들의 발걸음을 뒤로한 채 나는 어느새 버스 정류장에 도착해 있습니다. 버스에서 내리는 승객의 모습이, 가장 잘 눈에 뜨이는 자리에 살짝 몸을 감춥니다.

어깨가 무겁게 처진 사람들의 모습을 보며 당신도 일에 지친 그러한 모습일 거로 생각합니다. 잠시 후 나의 시선에 들어올 당신의 모습을 짐작해 봅니다.

가을의 상큼한 향기가 도시의 투박함을 나무라듯 야릇하게 다가서고, 나도 덩달아 설레기 시작합니다.

당신은 도착할 시간이 한참 지나서도 나타나지 않습니다. 늦게 끝났으려니 생각하며 좀 더 기다려 봅니다. 하지만 한 시간이 지나서도 당신은 나타나지 않고 우두커니 서 있는 내가 어색하게 느껴지기 시작합니다.

당신이 타고 올 버스를 유심히 살피며 몇 대를 더 확인했지만, 당신은 쉽게 나타날 생각을 하지 않습니다. 나 또한 오기가 생겨 포기하지 않습니다. 당신이 나타나리라 굳게 믿으며 기다림의 시간을 재촉하지 않습니다.

핸드폰을 꺼내 당신에게 전화할까도 생각했지만, 놀라게 될 당신 생각에 이내 포기하고 맙니다. 다시 당신을 확인하려 하지만 당신의 그림자라곤 찾아볼 수 없습니다. 약속 없이 무작정 버스정류장 앞에 서 있는 내가 우스워 보입니다. 그래도 그리 기분이 나쁘지는 않습니다.

열 시가 훨씬 넘어 적막한 밤공기를 가르며 걸어왔던 길을 되돌아갑니다. 무슨 일이 있겠지, 생각하면서 궁금함을 참지 못하고 당신에게 전화합니다.

신호가 떨어지면서 당신의 반가운 목소리가 저편에서 들려옵니다. 퇴근하여 평상시보다 일찍 집에 들어왔다는 당신의 말을 듣는 순간 나의 기다림이 스르르 무안해집니다.

일찍 퇴근했으면 전화라도 해주지.

나의 잘못임에도 불구하고 당신에게 화를 냅니다. 하지만 그것은 당신을 놀라게 하지 못한 나에 대한 투정일 뿐입니다. 오늘의 에피소드를 듣고 웃을 당신을 생각하면 되레 당신에게 화를 낼 수밖에 없습니다.

화들짝 놀랐을 당신의 모습을 보지 못한 것이 아쉽습니다.

다음에는 확실하게 놀라게 해 줄 겁니다. 그러기 위해서 당신의 동선 파악이 약간은 필요할지 모르겠습니다. 그 정도는 이해해 주리라 생각합니다.

누군가를 좋아한다는 것은 매우 흥미로운 일입니다. 그러한 생각으로 당신을 바라보기 할 줄은 나도 몰랐습니다. 나를 새롭게 발견하게 하는 당신에게 경의를 표합니다.

오늘은 한 발짝 더 당신에게 다가설 수 있어서 행복했습니다. 그러나 방심은 금물입니다.

어깨가 무겁게 처진 사람들의 모습을 보며 당신도 일에 지친 그러한 모습일 거로 생각합니다. 잠시 후 나의 시선에 들어올 당신의 모습을 짐작해 봅니다.

가을의 상큼한 향기가 도시의 투박함을 나무라듯 야릇하게 다가서고, 나도 덩달아 설레기 시작합니다.

당신은 도착할 시간이 한참 지나서도 나타나지 않습니다. 늦게 끝났으려니 생각하며 좀 더 기다려 봅니다. 하지만 한 시간이 지나서도 당신은 나타나지 않고 우두커니 서 있는 내가 어색하게 느껴지기 시작합니다.

당신이 타고 올 버스를 유심히 살피며 몇 대를 더 확인했지만, 당신은 쉽게 나타날 생각을 하지 않습니다. 나 또한 오기가 생겨 포기하지 않습니다. 당신이 나타나리라 굳게 믿으며 기다림의 시간을 재촉하지 않습니다.

핸드폰을 꺼내 당신에게 전화할까도 생각했지만, 놀라게 될 당신 생각에 이내 포기하고 맙니다. 다시 당신을 확인하려 하지만 당신의 그림자라곤 찾아볼 수 없습니다. 약속 없이 무작정 버스정류장 앞에 서 있는 내가 우스워 보입니다. 그래도 그리 기분이 나쁘지는 않습니다.

열 시가 훨씬 넘어 적막한 밤공기를 가르며 걸어왔던 길을 되돌아갑니다. 무슨 일이 있겠지, 생각하면서 궁금함을 참지 못하고 당신에게 전화합니다.

신호가 떨어지면서 당신의 반가운 목소리가 저편에서 들려옵니다. 퇴근하여 평상시보다 일찍 집에 들어왔다는 당신의 말을 듣는 순간 나의 기다림이 스르르 무안해집니다.

일찍 퇴근했으면 전화라도 해주지.

나의 잘못임에도 불구하고 당신에게 화를 냅니다. 하지만 그것은 당신을 놀라게 하지 못한 나에 대한 투정일 뿐입니다. 오늘의 에피소드를 듣고 웃을 당신을 생각하면 되레 당신에게 화를 낼 수밖에 없습니다.

화들짝 놀랐을 당신의 모습을 보지 못한 것이 아쉽습니다.

다음에는 확실하게 놀라게 해 줄 겁니다. 그러기 위해서 당신의 동선 파악이 약간은 필요할지 모르겠습니다. 그 정도는 이해해 주리라 생각합니다.

누군가를 좋아한다는 것은 매우 흥미로운 일입니다. 그러한 생각으로 당신을 바라보기 할 줄은 나도 몰랐습니다. 나를 새롭게 발견하게 하는 당신에게 경의를 표합니다.

오늘은 한 발짝 더 당신에게 다가설 수 있어서 행복했습니다. 그러나 방심은 금물입니다.

*

나 아닌 다른 사람과 웃으며 재미나게 이야기할 때. 내 딴에는 재미있는 이야기를 한다고 했는데 웃지 않고 무덤덤할 때. 편지를 보냈는데도 며칠이 지나도록 답장이 없을 때. 내가 만나고 싶은데 선약이 있다고 할 때. 사랑한다고 진지하게 말했는데도 아무런 감정을 내색하지 않을 때. 길을 걷다가 잠시 시선을 돌렸다고 곁눈질할 때. 친구랑 술 마시는 자리에서 옆에 앉아 빨리 가자며 꼬집을 때. 거리를 걷다가 갑자기 엉덩이를 때릴 때. 한참 단꿈을 꾸고 있는데 전화할 때. 나 피곤할 땐 걸어 다니고 자기 피곤할 땐 택시 타고 다닐 때. 라면 먹고 있는데 전화해서 끊을 생각을 하지 않을 때.

그럴 때 나는 당신이 밉습니다.
당신이 얄미워 화가 나서 깨물어 주고 싶습니다.

그래도 싫지 않은 것은 당신을 그만큼 사랑하기 때문입니다. 시간이 지나면 살짝 무뎌지기는 하겠지만 그것 역시 사랑이라고 생각합니다.

당신의 소소함을 모른 척 지나치지 않겠습니다.

그런 날에 나는

아무것도 하지 않으면 그날은 아무 일도 일어나지 않습니다.

내 삶의 방향이 틀어진 날이 되기도 하겠지만 또 인생의 소중한 하루를 낭비하는 순간이 될지도 모릅니다. 그러나 그 어떠한 노력도 하지 않았는데 무슨 일이 일어나겠습니까? 그것을 바라는 것은 헛된 욕심과 무기력한 자신을 인식하게 만드는 가장 슬픈 일입니다.

의미 없이 먹고 배설하면 그만인 날이 되는 겁니다. 우리는 알고 있으면서도 때로는 귀찮다는 말로, 때로는 남의 탓을 하면서 시간을 만지작거립니다. 그런데 그렇다고 달라질 게 뭐가 있을까요? 그저 자신의 자괴감으로부터 자신을 서글프게 감추는 것에 불과합니다.

알면서도 우리는 그 순간을 넘겨버리고 맙니다. 그러면서 그 이상의 노력을 하지 않으려고 합니다. 한 발짝만 더 앞으로 걸어서 나가면 되는데도 나서기보다는 현실의 무능력에 굴복하고 맙니다.

시간이 없다는 핑계로, 때로는 피곤하다는 핑계로 자신을 삶의 굴레에 얽매어 놓고, 한 발짝 뒤로 물러서서 자신을 방임하는 일을 스스럼없이 범하고 맙니다. 그러고서도 그 사실을 알지 못한 채 하루를 겨우 사는 것처럼 지저분하게 늘어놓고 맙니다.

사랑을 처음 알았을 때의 설렘은 점점 무뎌지기 시작하고 자신을 사랑하는 일마저도 소홀하게 여기게 되면서 더는 노력하지 않으려 외면하고 맙니다.

쉽게 말해 로또도 구입하지 않으면 1등이 되는 일이 절대 벌어지지 않는 것처럼, 자신을 위해 아무 일도 하지 않으면 그 어떤 희망도 보이지 않는다는 말입니다.

그러니까 자신이 할 수 있는 작은 일부터 시작하는 겁니다. 처음부터 어려운 목표를 정하고 무작정 달려든다면 포기할 수밖에 없을지도 모릅니다. 그래서 작은 일에서부터 만족하는 법을 다시 배워야 하는 겁니다.

그 만족이 쌓이고 또 쌓이면 실패하는 일보다 성공하는 일이 많아지면서 자신감을 느끼게 될 것입니다. 그리고 노력했지만 실패했어도 다시 노력하는 자신을 발견하게 될 겁니다.

그런 모습에 실패하는 것을 두려워하지 않게 될 겁니다.

하늘에서 돈벼락이 떨어지는 요행 따위가 없다는 것을 잘 알고 있으면서 그 요행을 기대하는 나약하고 부끄러운 자신을 더는 애처롭게 바라보지 않을 겁니다.

땅을 파봐라! 십 원짜리 동전 하나 나오나?

그 말에 기죽을 필요는 없습니다. 직접 땅을 파보면 알게 될 일입니다. 파보지 않은 사람은 모를 겁니다. 처음에는 어렵고 힘든 일이 되겠지만 시간이 지나면서 요령이 생기고 익숙해질 것입니다. 그리고 그 흐름을 알게 될 겁니다. 그러는 사이 파 놓은 흙을 이용하는 법을 터득하게 되고 그것으로 더 많은 것을 얻을 수 있게 될 겁니다.

아무 일도 하지 않았다면, 아무것도 하지 않았다면 알지 못하게 될 일들입니다. 그래서 성공하는 사람들은 자신의 재능을 파악하고 그것을 살리는 데 최선을 다하는 모양입니다.

오늘 힘이 들더라도 악착같이 자신의 등을 떠밀고 토닥이며 걸어가는 것을 잊지 않는 것 같습니다.

모든 것을 포기하고 싶은 날에는 오늘을 생각하는 겁니다.

그리하면 주저앉는 것보다 일어서는데 능한 자신을 다시 찾게 될 것입니다. 그로 인하여 멈춤 없이 걷게 될 것이며 후회 없는 삶의 길 위에서 한껏 목소리 높여 웃을 수 있을 겁니다.

오늘은 그냥 흐지부지 흘러가야 할 날이 아닙니다. 오늘은 내일을 위한 디딤돌이 되는 것이고, 또 모레를 위해 걸어야 하는 길이 되는 겁니다. 오늘을 걷지 않으면 내일은 없을 겁니다. 또 미래는 점점 희미해질 겁니다. 그런 오늘을 쉽게 버릴 수는 없는 겁니다.

아무것도 하고 싶지 않은 날. 그런 날이 분명히 있을 겁니다. 너무 앞만 보고 걸어서 지친 날에는 자신에게 작은 선물을 주는 겁니다.

책을 보거나, 친구들을 만나 실컷 수다를 떨거나, 영화나 연극을 보는 겁니다. 아니면 운동 같은 것도 좋을 것 같습니다. 아무 일도 하지 않은 채 집에서 뒹구는 것보다는 그러는 편이 나을 겁니다. 게으름보다는 그 시간마저도 아낌없이 쓰는 빠름의 미학은 결코 시간을 낭비하지 않게 합니다. 그렇게 자신을 사랑하는 법도 잊지 말아야 합니다.

너무 앞만 보며 걸어갈 필요는 없습니다. 잘못하다가는 그런 자신에 지쳐 탈이 날지도 모르기 때문입니다. 정신적으로 또 육체적으로 무너지고 만다면 오늘을 그렇게 재촉하며 살아온 보람이 없어지는 것이기 때문입니다.

오늘 아무것도 하지 않으면 아무 일도 벌어지지 않는다는 말은 오늘을 인식하는 자세에 대한 필요성 때문입니다. 오늘을 아낌없이 쓸 수 있다면 인생이나 삶 또한 낭비하지 않고 만족스럽게 쌓아갈 수 있다는 말입니다. 그래서 과거나 미래도 중요하겠지만 오늘이 더 중요하다는 것입니다.

하루를 아낌없이 쓸 수 있는 즐거움을 만끽할 수 있다면 삶은 그저 의미 없이 흘러가지는 않을 겁니다.

아침에 일어나면 먼저 "오늘을 어떻게 쓸까?" 생각합니다. 오늘을 살아가면서 인색한 나를 보여주기보다는 풍부하고 밝은 모습의 나를 바라보고 싶습니다.

물론 그런 나를 바라볼 수 있다면 나를 향한 당신의 눈빛도 거침없이 받아들일 수 있을 겁니다. 나는 오늘이 좋습니다. 나는 이 흐름이 좋습니다. 더더욱 멈추지 않고 당신에게 다가갈 수 있음이 좋습니다.

아무 일도 하지 않는 것보다 당신에게 한 발짝 다가가 내 모습을 보여줄 수 있음이 좋습니다. 이성 간의 사랑이든 아니면 동성 간의 우정이든 그 무엇이든 할 수 있다는 것에 행복을 느낍니다.

나는 압니다.

나는 나를 내세울 수 있고 또 그러기 위해서 노력하고 있기 때문입니다. 오늘은 분명 무슨 일인가가 벌어질 겁니다. 그 무슨 일인가가 나에게는 행복이었으면 좋겠습니다.

나는 바보처럼 아무 일도 하지 않으면서 나에게 벌어질 일에 대해 큰 기대를 하는 사람은 절대 아닙니다. 나는 나를 파악하고 또 그에 대한 시작과 끝을 분명히 합니다. 그렇기에 이렇게 자신만만할 수 있는 겁니다.

당신도 나와 다를 바 없습니다. 무슨 일인가를 하면 당신은 그에 합당한 대가를 받게 될 겁니다. 우려되는 것은 그것마저도 포기해 버리려는 당신의 나약한 모습입니다.

나는 그러한 당신을 원하지 않습니다. 당신은 절대 그렇게 나약한 사람이 아니라는 것도 알고 있습니다. 한순간 모든 것을 포기했다 치더라도 다시 시작하면 되는 겁니다. 그 누구도 당신을 탓할 사람은 없습니다.

만약 누군가가 당신을 탓한다면 그건 그의 교만함일 뿐입니다. 당신은 그 교만함에 당당히 맞서야 합니다. 그렇지 않고 흘려버리고 만다면 당신은 더는 구제 받을 수 없는 낙오자가 되는 것입니다.

오늘, 아주 사소하면서도 작은 일이라도 용기 내어 손을 뻗어 보는 겁니다. 그러면 당신은 자신에 대한 소중함을 간직하게 될 겁니다.

자신을 미워할 필요는 없습니다. 단지 자신을 사랑하는 법을 잠깐 잊은 것뿐입니다. 오늘을 살아가면서 당신이 자신을 사랑하고 이끈다면 분명 그 어떤 일을 해내고야 말 겁니다.

그런 날에 나는 나를 채근하거나 재촉하지 않습니다. 오늘의 할 일에 대해 계획을 세우고 그런 나를 다독이려 합니다. 그러다 보면 나의 소중함을 저절로 느끼게 됩니다.

오늘의 당신은 어떤가요?
당신의 오늘은 어떤가요?

그렇게 된다면 당신은

어디를 가나요?

내가 옆에 있는데 보이지 않는 건가요?
우리 아직 때가 되지 않은 건가요?

하지만 그런 건 이제 소용없다고 했잖아요. 중요한 건 우리의 마음이라고 했는데 기억하지 못하는 건가요?

실질적인 사랑은 서로의 믿음이라는 것을 잊었나요?

굵지 않은 사랑이 아니어도, 아주 가느다란 사랑이라도 만족할 수 있어요. 앞으로 의미 있는 사랑으로 이어지면 되는 거잖아요. 아주 많은 경험을 하지 않아도 좋아요.

뭐가 그리 두려운가요?
무엇이 당신을 그렇게 불안하게 만드는 걸까요?

지금 우리에게 필요한 것은 서로에 대한 작은 관심뿐이에요. 그냥 이대로 시작해 보는 겁니다.

실패할까 봐 두려운가요?

그렇다면 우리는 영영 사랑하지 못하게 될지도 몰라요. 사랑은 경험하면서 배우는 것이라고 하잖아요. 사랑은 느끼는 것이라고 들었어요.

내 말이 틀렸나요?
당신은 어떻게 생각하나요?
혼자인 것이 좋은가요?
언제까지 그럴 건가요?

나는 싫은데요. 당신을 잃고 싶지 않은데요. 이렇게 당신을 바라만 보고 있으면 당신을 잃게 될까 봐 그것이 걱정이에요. 그러다 보면 나는 영영 사랑을 못 하게 될지도 몰라요. 당신이 원하는 건가요?

나의 그런 모습이 보고 싶은 건가요?
그렇다고 당신이 행복해질 수 있을 거로 생각하나요?

아니요 우린 둘 다 불행해질 거예요. 말로만 사랑을 바라보는 것보다 진짜 사랑을 해보는 건 어떤가요? 그렇게 용기를 내지 않는다면 우린 아마 후회하게 될 거예요.

뒤섞인 아쉬움 속에서 후회와 미련만을 남겨 놓을 건가요?

우린 그 뒤섞임 속에서 좀처럼 행복하지 않을 겁니다. 당신도 그 정도는 알고 있잖아요. 그냥 가벼운 사랑이 아니라는 것을 알잖아요. 그건 우리의 미래가 달린 가장의 의미 있는 선택이 될 겁니다. 그것을 다른 누군가에게 양보할 수는 없어요. 뒷짐 지고 바라만 보아서는 안 된다고 생각해요.

선택은 기회가 되는 것이기도 합니다. 거리를 둘 필요는 없잖아요. 나는 당신의 선택을 기다리고 있어요. 나는 당신의 외면을 찬성하지 않아요. 내 생각이 마음에 들지 않는다면 우리는 관계를 형성할 수 없어요.

우리의 관계를 쓸모없는 한순간의 공백으로 남기고 싶지 않아요. 당신도 그래서는 안 돼요. 당신의 망설임의 시간이 길어진다면 나 당신을 포기할래요. 그런 당신을 어떻게 믿고 의지하며 따를 수 있겠어요.

바보가 아닌 이상에 그런 당신을 바라보고만 있을 사람은 없을 거예요. 당신의 눈빛에서는 조급해하지 않았으면 하는 바람이 비추어지기도 해요.

언제까지 기다림의 시간을 지녀야 하는 건가요?
그 선택이 그렇게 어려운 건가요?

그럼, 선택은 내가 하겠습니다. 당신은 그냥 따라오면 되는 겁니다.

어때요?
싫다고요?
그럼, 대체 어쩌란 말인가요?

당신이 이해되지 않아요. 나는 당신처럼 기다림에 익숙하지 않거든요.

내가 당신을 잘못 본 건가요?

우리의 만남은 벌써 오래전에 이루어졌어야 해요. 우리는 익숙해져야 해요. 나를 미처 알아보지 못해 그것이 미안한 거라면 괜찮아요. 그렇다고 자기 비하는 하지 말아요. 모든 것을 싸잡아 자신을 비난하지는 말아요. 그건 싫어요. 내가 생각하는 당신은 그런 사람이 아니잖아요. 알면서 왜 그러는지 모르겠어요.

당신은 옳고 그름을 익히 잘 알고 있는 사람이에요. 내가 싫은 것이 아니잖아요. 당신은 자신을 감추려고 담을 쌓았어요. 막무가내로 밀어내면 안 되는 거예요.

거짓으로 자신을 포장하지는 말아요. 나는 그런 당신을 지켜보고만 있을 사람이 아니에요. 원래 당신도 그런 사람이 아니었잖아요.

도대체 내가 어떻게 해야지 당신의 마음을 열 수 있을까 생각 중이에요. 그 어떤 노력도 실패로 돌아간다면 할 수 없어요. 나는 당신 곁을 떠날 수밖에 없어요. 언제까지 바라만 보고 있을 수 없기 때문이에요. 그렇게 된다면 당신은 자신도 모르는 사이 허전하게 될 거예요.

아직 늦지는 않았어요. 지금이 아니라면 당신에게는 더 이상 선택지가 주어지지 않을지도 몰라요.

그래도 좋은가요?

당신이 다가온다면

당신은 문장입니다.

이쪽으로 흐르든 저쪽으로 흐르던 당신은 문장이 되고 맙니다. 가까이 다가가도, 멀리 거리를 두어도 당신은 결국 하나의 문장이 됩니다. 그러한 당신이기에 멀리도 가까이도 할 수 없습니다. 다가서면 멀어질까 두렵고 또 너무 멀어지면 그만큼 더 멀어질까 봐 두려워집니다.

나는 당신과의 관계를 항상 중간에 두려 합니다. 그런 나를 당신은 못마땅해하지만 어쩔 수 없습니다. 그러나 나는 항상 당신입니다. 당신이 되지 않고서는 견딜 수가 없습니다. 이러한 나의 마음 당신이 알아주지 않아 나는 가끔 화를 내기도 합니다.

내가 너무 중간을 고집하기 때문일까요? 그러나 할 수 없습니다. 내가 중간을 고집하지 않으면 당신은 떠날 것이 분명합니다. 당신이 다가오면 좋겠지만 떠난다면 나는 조울증에 걸리게 될지도 모릅니다.

어쩌면 당신이 좀 더 가까이 다가오기를 기다리고 있는지도 모릅니다. 당신이 다가온다면 물론 나는 환영할 겁니다. 하지만 나의 마음 이해하지 못하고 다가온다면 나는 싫어할 겁니다. 나는 그만큼 당신을 조심스럽게 알아가고 있습니다. 그래서 당신을 문장으로 남겨둔 겁니다.

내가 아는 당신은 소박하고 착합니다. 또한 다른 사람들에게도 많은 호감을 지니게 합니다. 그것이 더 문제인지도 모르겠습니다. 당신은 나만의 사람이라고 욕심내지 못하기 때문입니다.

문장은 그 문장으로 끝나지 않음을 알고 있습니다. 그다음 문장으로 이어지며 문장의 완성을 요구합니다. 그래서 나는 기다립니다.

섣불리 다가서면 그 뒤 문장에 오류가 발생할 수도 있습니다. 그것이 옳든 그르든 닥쳐봐야 알 일입니다. 그래서 딱 한 발짝 당신에게 다가서도록 했습니다. 다음 문장이 궁금하기 때문입니다. 당신도 같은 생각일 겁니다.

나와의 관계가 무의미해서 결국 시작도 못 하고 끝이 나는 것을 나는 원치 않습니다. 나는 지독한 외로움에서 벗어나기 위해 당신을 찾아낸 겁니다. 하지만 당신이 원치 않는다면 나는 언제까지 당신의 주변인으로 남아 있을 수 없습니다.

문장은 다시 쓰면 됩니다. 하지만 당신이라는 문장은 쉽게 포기할 수 없습니다. 이제 당신을 새로운 문장으로 바라봐야 할지도 모릅니다.

여전히 당신은 나의 문장입니다.

내 삶의 한 방향입니다. 그리고 이제는 내 일상의 흐름이 되고 말았습니다. 당신은 한 문장이 아닌 여러 문장으로 내게 다가옵니다. 나는 그런 당신의 문장을 읽는 것이 즐겁습니다.

나도 당신에게 문장이 되고 싶습니다.

내가 꿈틀거리면 너는

초판 발행 2024년 7월 7일
초판 인쇄 2024년 7월 12일

지은이 장시진
펴낸이 김태헌
펴낸곳 스타파이브

주소 경기도 고양시 일산서구 대산로 53
출판등록 2021년 3월 11일 제2021-000062호
전화 031-911-3416
팩스 031-911-3417

*낙장 및 파본은 교환해 드립니다.
*본 도서는 무단 복제 및 전재를 법으로 금합니다.
*가격은 표지 뒷면에 표기되어 있습니다.